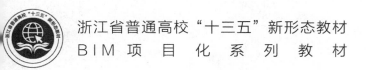

浙江省普通高校"十三五"新形态教材

BIM 项 目 化 系 列 教 材

U0276960

BIM

综 合 应 用

主 编 刘晓峰 张洪军

副主编 李 俊 魏茂文

主 审 宁先平

COMPREHENSIVE
APPLICATION OF BIM

ZHEJIANG UNIVERSITY PRESS
浙江大学出版社

图书在版编目(CIP)数据

BIM 综合应用/刘晓峰,张洪军主编.—杭州:浙江大学出版社,2019.6

ISBN 978-7-308-19183-8

Ⅰ.①B… Ⅱ.①刘… ②张… Ⅲ.①建筑设计-计算机辅助设计-应用软件-高等职业教育-教材 Ⅳ.①TU201.4

中国版本图书馆 CIP 数据核字(2019)第 102559 号

BIM 综合应用

刘晓峰　张洪军　　**主编**

责任编辑	王　波
责任校对	陈静毅　丁佳雯
封面设计	春天书装
出版发行	浙江大学出版社
	（杭州市天目山路 148 号　邮政编码 310007）
	（网址:http://www.zjupress.com）
排　　版	浙江时代出版服务有限公司
印　　刷	杭州杭新印务有限公司
开　　本	787mm×1092mm　1/16
印　　张	9.5
字　　数	231 千
版印次	2019 年 6 月第 1 版　2019 年 6 月第 1 次印刷
书　　号	ISBN 978-7-308-19183-8
定　　价	29.00 元

序

建筑业是国民经济的支柱产业,其科技发展有两条主线:一条是转型经济引发的绿色发展,核心是抓好低碳建筑;另一条是数字经济引发的数字科技,其基础是 BIM(Building Information Modeling,建筑信息模型)技术。BIM 技术是我国数字建筑业的发展基础,从 2011 年开始至今,住房和城乡建设部每年均强力发文,对 BIM 技术的应用提出了明确要求。这些要求体现了从"提倡应用"到相关项目"必须应用",从"设计、施工应用"到工程项目"全生命周期应用",从全生命周期各阶段"单独应用"到"集成应用",从"BIM 技术单独应用"到提倡"BIM 与大数据、智能化、移动通信、云计算、物联网等信息技术集成应用"的递进上升过程。然而与密集出台的政策不匹配的是,BIM 人才短缺严重制约了 BIM 技术应用的推行。《中国建设行业施工 BIM 应用分析报告(2017)》显示,在"实施 BIM 中遇到的阻碍因素"中,缺乏 BIM 人才占 63.3%,远高于其他因素,BIM 人才短缺成为企业目前应用 BIM 技术首先要解决的问题。

浙江广厦建设职业技术学院与国内以"建造 BIM 领航者"为己任的上海鲁班软件股份有限公司合作,创立了企业冠名的"鲁班学院",专注培养 BIM 技术应用紧缺人才。以 BIM 人才培养为契机,校企顺势而为,在鲁班学院教学试用的基础上,联合编写了浙江省"十三五"BIM 系列新形态教材。该系列教材有以下特点:

1. 立足 BIM 技术应用人才培养目标,编写一体化、项目化教材。在 BIM 土建、钢筋、安装、钢结构 4 门 BIM 建模课程及 1 门 BIM 综合应用课程开发的基础上,重点围绕同一实际工程项目,编写了 4 本 BIM 建模和 1 本 BIM 用模共 5 本 BIM 项目化系列教材。该系列教材既遵循了 BIM 学习者的认知规律,循序渐进地培养 BIM 技术应用者,又改变了市场上或以 BIM 软件命令介绍为主,或以 BIM 知识点为内容框架,或以单个工程项目为编写背景的割裂孤立的现状,具有系统性和逻辑连贯性。

2. 引领 BIM 教材形态创新,助力教育教学模式改革。在对 5 门 BIM 项目化课程进行任务拆分的基础上,以任务为单元,通过移动互联网技术,以嵌入二维码的纸质教材为载体,嵌入视频、在线练习、在线作业、在线测试、拓展资源等数字资源,既可满足学习者全方位的个性化移动学习需要,又为师生开展线上线下混合教学、翻转课堂等课堂教学创新奠定了基础,助力"移动互联"教育教学模式改革的同时,创新形成了以任务为单元的 BIM 新形态教材。

3. 校企合作编写,助推 BIM 技术的落地应用。对接 BIM 实际工作需要,围绕 BIM 人才培养目标,突出适用、实用和应用原则,校企精选精兵强将共同研讨制订教材大纲及教材编写标准,双方按既定的任务完成了编写,满足 BIM 学习者和应用者的实际使用需求,能够有效地助推 BIM 技术的落地应用。

4. 教材以云技术为核心的平台化应用,实现优质资源开放共享。教材依托云技术支持下的浙江大学出版社"立方书"平台、浙江省高等学校在线开放课程共享平台、鲁班大学平台等网络平台,具有开放性和实践性,为师生、行业、企业等人员自主学习提供了更多的机会,充分体现"互联网+教育",实现优质资源的开放共享。

2017 年 12 月 8 日,习近平总书记在中共中央政治局第二次集体学习时强调指出,要实施国家大数据战略,加快建设数字中国。BIM 技术作为建筑产业数字化转型、实现数字建筑及数字建筑业的重要基础支撑,必将推动中国建筑业进入智慧建造时代。浙江广厦建设职业技术学院与上海鲁班软件股份有限公司深度合作,借 BIM 技术应用之"势",编写本套BIM 系列新形态教材,希望能成为高职高专土木建筑类专业师生教与学的好帮手,成为建筑行业企业专业人士 BIM 技术应用学习的基础用书。由于能力和水平所限,本系列教材还有很多不足之处,热忱欢迎各界朋友提出宝贵意见。

浙江广厦建设职业技术学院鲁班学院常务副院长

宁先平

2018 年 6 月

前　言

　　《BIM综合应用》教材是依托浙江广厦建设职业技术学院与上海鲁班软件股份有限公司合作创办的鲁班学院，以BIM技术高级应用人才培养为目标，在校企合作开发BIM综合应用课程基础上编写而成的，本教材是浙江省"十三五"新形态教材项目的BIM项目化系列教材之一。

　　本教材以A办公楼BIM为基础，深入剖析模型在招投标阶段、施工准备阶段、施工阶段、竣工阶段、运维阶段的具体应用价值，并结合施工中具体岗位职责进行工作内容梳理，对BIM技术在装配式建筑中的应用也做了简要介绍。由于A办公楼应用内容有限，故有部分BIM应用点讲解借助了鲁班公司其他项目辅助完成。

　　本教材根据不同施工阶段的BIM应用点来编写，每个章节包括学习目标、任务导引、内容小结、在线测试、内容拓展五大块，借助移动互联网技术，在纸质文本上嵌入二维码，链接视频、在线测试等数字资源，力求打造"教材即课堂"的教学模式。本教材编写体例一是对接了项目化课程教学改革，二是与"做中学、做中教"课堂教学模式改革相结合，以提高课堂教学的有效性。

　　本教材编者由浙江广厦建设职业技术学院刘晓峰、宁先平，上海鲁班软件股份有限公司张洪军、李俊、魏茂文、李一婷组成，其中刘晓峰、张洪军担任主编，李俊、魏茂文担任副主编，宁先平担任主审，具体分工如下：第1章绪论、第2章BIM技术在投标阶段的应用（2.1图纸问题梳理由李俊编写）、第8章BIM技术在装配式建筑中的应用由刘晓峰编写；第7章BIM技术在施工中的岗位应用由张洪军编写；第3章BIM技术在施工准备阶段的应用（3.5进度计划由刘晓峰编写）、第4章BIM技术在施工阶段的应用、第5章BIM技术在竣工阶段的应用、第6章BIM技术在运维阶段的应用由李俊编写；教材课后配套测试由魏茂文编写；教材配套视频由李一婷等录制，与鲁班学院里的视频共建共享；内容拓展环节使用的大连某项目4♯5♯楼图纸及模型由张洪军提供。

　　本教材可作为高职高专土木建筑类专业学生的教材和教学参考书，也可作为建设类行业企业相关技术人员的学习用书。由于编者水平有限，加上BIM技术应用日新月异，本教材难免存在不足之处，敬请广大读者提出宝贵意见。

编　者
2018 年 12 月

目　录

第1章 绪 论

【学习目标】

1.明确 BIM 技术的基本概念及 BIM 技术的特点；

2.掌握不同项目参与方的 BIM 技术应用。

【任务导引】

本章系统地介绍了 BIM 技术的概念和特点，并以不同参与方的 BIM 技术应用为切入点，阐述了 BIM 技术应用的紧迫性。本教材具体内容的实施是以鲁班 BIM 系统为操作软件进行的，因此本章对该系统的基本功能进行了介绍，为后续课程的展开奠定基础。

任务分解：

1.不同参与方的 BIM 技术的应用内容；

2.鲁班 BIM 系统的组成及其基本功能。

1.1 BIM 技术的概念

Building Information Modeling(建筑信息模型)，简称 BIM，它通过采集建筑工程项目涉及的各种相互关联的基础信息数据建立数据模型，并以数字信息的形式模拟仿真出建筑物本身所具有的各种真实信息。它涵盖了空间关系、几何学、各种建筑组件的性质及数量、地理信息系统等诸多内容，并具有可视化、协调性、模拟性、优化性和可出图性等诸多优点。

BIM 作为一种独具创新的操作技术和生产方法，自从 2002 年由欧特克公司首次发布产品后，经过十几年的发展，现在已在欧洲、美洲等建筑工业化发达的国家产生了革命性的影响，以星火燎原之势迅速在全世界范围内蔓延。在美国等发达国家，由政府指导和推动已经制定了 BIM 实施标准，这些实施标准也受到各国建筑工程师的强烈关注并被大量应用，现在在国外工程中 BIM 技术已经应用到工程的全生命周期中，大大提高了生产效率，降低了项目管理的成本。应用 BIM 技术产生的价值现在已被成千上万的典型案例所证明。

BIM 是建筑信息模型，它不是特定的软件，但是 BIM 的实施必须依靠软件才能实现。在建筑全生命周期里，从核心模型建立到项目规划、方案设计、建筑分析、结构分析、机电分析、模型检查、可视化应用、碰撞检查、成本控制、营运管理等各个功能应用都需要专业软件来完成。BIM 核心应用软件归类如图 1.1.1 所示。

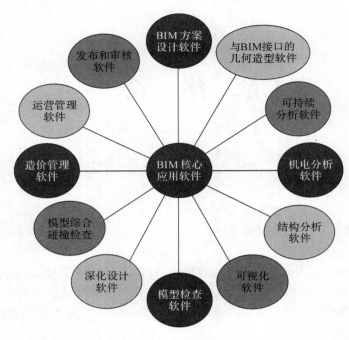

图 1.1.1　BIM 核心应用软件分类

BIM 技术可以有效地集成建筑工程施工过程的各种信息,并且为工程过程管理提供信息服务保障,同时在工程项目相关方协同办公、减少错误、提高工效、降低费用、优化工期等方面优势明显。我国 BIM 发展应用起步比较晚,但是随着国家相关政策的陆续颁布和 BIM 标准的制定,BIM 技术大力推广和普及现已势不可挡,BIM 技术的应用研究越来越受到人们的关注和重视。

1.2　BIM 技术的特点

BIM 技术作为建筑业第二次信息革命,与现行 CAD(计算机辅助设计)技术相比,具有如下特点:

1. 可视化

当前世界经济快速发展,我国建筑业也进入高速发展期,人们标新立异的审美观越来越强,造成建筑格局越来越多样化,建筑设计越来越复杂,传统的二维建筑设计很难满足设计师对复杂异形空间结构设计灵感表现的要求。但是采用 BIM 技术进行建模,在方案设计阶段就可给我们一个直观的三维视觉展示,将建筑空间结构模型化展示给业主,给他们真实的视觉漫游展示,而且建筑模型中包含全部的建筑信息,可以在规划—设计—施工—运维各阶段项目全生命周期范围内进行可视化沟通,便于决策者及时准确地做出项目决策。

2. 协调性

建设工程项目各参建方和相关单位在工程项目管理中最重要的一个环节就是协调，各方信息协调的好坏直接决定项目管理的效率，特别是业主、设计、监理和施工单位更需要很好的协调性。在方案设计阶段，建筑、结构、机电相关专业设计人员基本上都是各自设计，没有很好地沟通、交流和协调，导致在施工时经常出现图纸错误问题或者碰撞问题，相关方对出现的问题再进行讨论协商，最终提出解决方案或变更方案。如果施工单位发现不及时，还会造成返工、材料浪费，并向业主索赔，这种事后处理的方式会造成大量的人力、财力、物力损失。如何将事后处理转化成事前预防处理呢？BIM 的协调性可以解决这一问题。在工程前期，各参与方预先商定运用 BIM 模型进行(施工)模拟，各种问题都在模型中统一处理，在工程前期即把工程中遇到的问题(建筑与结构、设备之间的冲突，管线综合排布等)预先解决，从而减少工程变更量，提高项目管理效率。

3. 模拟性

在建筑设计阶段，BIM 技术可以对设计方案的能耗、日照、节能、紧急疏散、热能传导等进行模拟实验分析。在招投标阶段和施工阶段，BIM 技术可以根据施工组织设计 4D(3D 空间＋1D 时间)模拟实际施工，合理布置施工场地，优化钢筋下料与排布，优化施工方案，更好地指导施工。对于项目投资者和承包商而言，最重要的一个环节莫过于成本控制，基于 BIM 的 5D(3D 空间＋1D 时间＋1D 工序)成本控制，可以在各环节查看和统计资金使用和投入状况，便于把控实际成本。在项目运营阶段，BIM 可以提供日常维修模拟和应急救援模拟。

4. 优化性

一个好的建筑设计方案不是一蹴而就的，而是设计师根据工程实际需求不断优化而成的。而且，许多建筑设计的空间复杂程度超过了设计、施工人员的图纸理解极限，纯粹靠手绘模型和二维平面制图很难完成，设计师需要借助更加先进的信息技术才能更好地胜任这样的设计任务。BIM 技术的出现，使设计人员可以从模型中提取建筑物的信息、构件的几何信息等作为设计优化的基础，设计人员可以利用 BIM 核心建模软件和相关配套软件的实时模拟平台对设计方案作进一步优化，从而更高效、高质量地完成设计方案的优化。对于施工平面布置、施工组织优化而言，BIM 技术也是不可小觑的，它能更好地利用现有的场地空间合理布置临时设施等，更能合理安排施工组织，提高工效、降低成本。

5. 可出图性

BIM 出图与我们现在的设计院出图有很大区别，当前设计院出具的图纸基本上都是建筑图、结构图、安装图和节点详图等，各个图纸间没有太紧密的联系，而且图纸间容易出错；BIM 出具的图纸为综合施工图，是经过碰撞检查的修改设计图，是已经优化过的设计图，是包括设计图、管线综合、碰撞报告、方案改进建议等相关信息的图纸。相比于设计院出图，BIM 出图更具有可操作性，更贴近工程实际。

6. 造价精准可控性

BIM 模型包含了工程项目的全部信息，通过相应选项的选择就可以统计材料的消耗量，大大提高施工预算的准确性，同时由于实际成本数据库是基于 BIM 5D 建立的，因此软件可以汇总分析的成本报表类型、维度大大提高，工效也大大提高。

1.3　不同项目参与方的 BIM 技术应用

建设工程项目是一个系统的、庞大的、复杂的工程,在全生命周期管理中涉及的参与方众多,这些参与方直接或间接地参与对工程项目的管理,共同推进工程项目的顺利进行。在整个工程项目管理中,各个参与方的 BIM 技术应用主要如下:

1. 政府机构

目前我国政府机构粗放型管理模式的弊端越来越显著,其已经很难适应当前城市建设的快速发展,因此,政府机构职能急需改变,即需要从指令型向服务型转变。BIM 技术应用是一个系统的、全生命周期的过程,涉及工程项目的全面管理,因此政府机构可以利用 BIM 技术对整个城市的工程项目进行精细化管理,提高城市建设的项目管理水平。对于城市重点工程政府管理机构,利用 BIM 技术可以优化方案、进度、质量和成本等控制目标。对于城市工程建设行业管理部门,可通过法规、技术规程颁布和政策引导,大力推广 BIM 技术在行业的应用,提升建设工程行业的精细化、信息化管理水平。例如,住建部在 2014 年 7 月 1 日颁布了《关于建筑业发展和改革的若干意见》,提出"大力推进 BIM(建筑信息模型)等信息技术在工程设计、施工和运行维护全过程的应用"。随之,上海市、深圳市、山东省、辽宁省等部分省市先后出台指导意见和实施办法,以促进 BIM 技术的进一步推广应用。

2. 业主方

当前的房屋建筑设计施工图纸是核心,若图纸出现问题,会引发施工方停工、待工、返工等,并对后续工作的整个过程造成大量的人财物力的损失,而这些大部分都是由业主来埋单的,因此在当期二维图纸的项目管理中,业主是冤大头。BIM 技术的出现,业主方是最大的受益方,因此应该成为 BIM 技术推广应用的表率。通过应用 BIM 技术,业主方可以更好地表达想法、构思,能与项目相关参与方更好地协调和沟通。在项目规划和实施阶段,BIM 技术可以帮助业主协调各方意见,优化设计、施工方案和组织,确保项目按计划实施,提高项目管理效率。

BIM 技术的应用成本相对于项目投资而言可以说是微乎其微,但是其给项目管理带来的价值却不可估量,包括提升项目抗风险性、优化方案、协调办公、提升管理效率、方便运营维护等诸多方面,具有较高的性价比和广泛的应用前景,因此更多的业主会主动认识 BIM、应用 BIM 和推广 BIM 技术。

3. 设计方

方案设计水平的高低很大程度上决定了后期施工阶段的项目管理难度水平,设计人员 BIM 技术应用的普及程度,决定着整个社会对其的认同度,因为设计人员是 BIM 技术应用的主力军和先锋队。当今的信息革命决定了建筑设计师不能仅仅是完成设计方案,而更应该从节能减排、绿色施工、改善室内环境等角度设计出更加优质的建筑方案,力求品质完美并为项目管理增值。

BIM 协调设计可以克服当前设计领域各专业设计间孤立、串行的缺点,改变设计院的工作方式,使得设计方案的数据、图形等的修改更加便捷和联动,让各个相关参与方的工作方式更加融合和交互,并且更加直观地展示设计方案,使各方沟通更加快捷高效。

BIM 三维设计模型相对于当前广泛应用的二维图纸,大幅减少了理解差异,更有利于加强设计院与施工单位的协作配合,让设计成果更直接地转化为实际建筑成果。

4. 施工方

BIM 技术对于施工方而言,也有巨大应用价值,其主要应用如下:

(1)现场施工模拟:对于施工方来说,现场施工模拟的优点在于,施工方可以进行三维平面布置方案模拟、施工进度计划与实际对比模拟分析、施工技术方案实施模拟等相关施工模拟,让各参建方能够提前更直观地了解项目的基本情况及存在的问题,减少施工质量问题和安全隐患,降低施工成本,提高施工效率。

(2)三维碰撞检查:由于二维图纸空间展示存在的缺陷性,施工中设备管线经常发生碰撞,这势必造成返工和人财物力的浪费,严重时会造成几十万元甚至上百万元不等的经济损失。BIM 三维碰撞检查技术的应用,可以消除图纸设计中的设备碰撞,优化设计方案,大大减少因图纸和施工问题导致的返工和损失,而且通过碰撞检查还可以优化各种管线的排布,提高空间综合利用率。

(3)三维模型校验:BIM 技术的可视化应用可以将建筑模型和实际工程进行对比分析,从而分析判断理论和实际的差异。除此之外,还可以让建设方评估建筑物的各种功能,以便提前预知,并及时对相关功能问题做出调整。

5. 预制加工商

建筑构件化、产业化施工是建筑业未来发展的趋势,预制加工商是工程建设参建方之一,在目前以二维图纸为基准的预制构件加工中,预制构件加工难度大,施工效率非常低,难以实现规模化、产业化生产。

BIM 技术应用使得构件模型智能化,并且可以数控加工,其精度和效率远远大于二维图纸预制构件加工;同时,BIM 模型中包含了构件的全部信息,因此,预制加工商通过采集这些标准构件信息,可以预制加工标准化构件,施工现场只需将预制构件吊装装配施工即可,从而可节约施工工期,减少施工现场环境污染,提高施工效率。随着产业化的深入,预制加工商将逐渐成为工程项目的重要参与方之一。

6. 材料设备供应商

工程项目材料设备的及时、高效供应是保证项目顺利进行的基础,目前工程项目材料供应普遍达不到上述要求,这或多或少地影响工程的正常施工。而 BIM 技术 4D 和 5D 模拟应用以后,施工现场各阶段材料和设备需求与供应是实时的,BIM 导出的材料和设备需求与供应计划更具有合理性,从而避免了材料和设备的大量积压或者急缺,确保了工程的顺利进行。

通过 BIM 技术应用,供应商可以在项目前期就参与其中,提前了解工程项目的概况、特点、难点、施工进度、工艺流程和材料设备需求计划,也可以根据工程项目特点有针对性地安排材料或设备生产,从而最大限度地满足项目材料和设备的需求和供应,更好地做好工程项目服务工作。

1.4 鲁班 BIM 系统及其应用客户端

鲁班项目基础数据分析系统(Luban PDS)是一个以 BIM 技术为依托的工程成本数据平台,它创新性地将最前沿的 BIM 技术应用到了建筑行业的成本管理当中。只要将包含成本信息的 BIM 模型上传到系统服务器,系统就会自动对文件进行解析,同时将海量的成本数据进行分类和整理,形成一个多维度、多层次的,包含三维图形的结构化数据库。通过互联网技术,系统将不同的数据发送给不同的人。例如,总经理可以看到项目资金使用情况,项目经理可以看到造价指标信息,材料员可以查询下月材料使用量。不同的人各取所需,共同受益,从而对建筑企业的成本精细化管控和信息化建设产生重大作用。

 鲁班管理驾驶舱

鲁班管理驾驶舱(Luban Govern)是 Luban PDS 的客户端之一,用于集团公司多项目的集中管理、查看、统计和分析,以及单个项目不同阶段的多算对比,主要由集团总部管理人员使用。其将工程信息模型汇总到企业总部,形成一个汇总的企业级项目基础数据库,企业不同岗位都可以进行数据的查询和分析。鲁班管理驾驶舱可为总部管理和决策提供依据,为项目部的成本管理提供依据。

Luban Govern
界面功
能介绍

 鲁班浏览器

鲁班浏览器(Luban Explorer)是系统的前端应用。通过鲁班浏览器,工程项目管理人员可以随时随地快速查询管理基础数据,操作简单方便,实现按时间、区域多维度检索与统计数据。在项目全过程管理中,使材料采购流程、资金审批流程、限额领料流程、分包管理、成本核算、资源调配计划等方面及时准确地获得基础数据的支撑。

Luban Explorer
界面功
能介绍

 鲁班进度计划

鲁班进度计划(Luban Plan)是首款基于 BIM 技术的项目进度管理软件,通过 BIM 技术将工程项目进度管理与 BIM 模型相互结合,革新现有的工程进度管理模式。鲁班进度计划致力于帮助项目管理人员快速、精确、有效地对项目的施工进度进行精细化管理。同时依托 Luban PDS 直接从服务器项目数据库中获取 BIM 数据信息,打破传统的单机软件单打独斗的束缚。鲁班进度计划可集中管理 Luban PDS 内的所有进度计划,可查看各个进度的状态和修改信息,做到进度调整有据可查。依托 Luban PDS 平台,所有相关的 BIM 模型发生变化都将通知客户端,让施工管理人员第一时间知晓模型变更和进度调整情况。使用互联网云技术,对进度和模型的管理实时生效。

Luban Plan
界面功
能介绍

Luban BIM View(Luban BV)

Luban BV 是一款移动端查看 BIM 模型的 App 产品。随着移动互联网的发展,使用移动硬件作为信息查看和处理媒介逐渐成为常态,如何将移动互联网与 BIM 技术结合将成为行业下一个需求爆点。Luban BV 将 BIM 技术和移动互联网技术相互结合,致力于帮助项目现场管理人员更轻便、更有效、更直观地查询 BIM 信息并进行协同合作。同时依托 Luban PDS 直接从服务器项目数据库中获取 BIM 数据信息,打破传统的 PC 客户端携带性的束缚。

手机移动
端应用

 鲁班多专业集成应用平台

鲁班多专业集成应用平台(Luban Works)可以把建筑、结构、安装等各专业 BIM 模型进行集成应用,对多专业 BIM 模型进行空间碰撞检查,对因图纸造成的问题进行提前预警,第一时间发现和解决设计问题。有些管道由于技术参数原因禁止弯折,必须通过施工前的碰撞预警才能有效避免这类情况发生。实现可视化施工交底,降低相关方的沟通成本,减少沟通错误,争取工期。通过 Luban Works 可以实现工程内部 3D 虚拟漫游,检查设计合理性;可任意设定行走路线,也可用键盘进行行进操作;可实现设备动态碰撞,对结构内部设备、管线的查看更加方便直观。

Luban Works
界面功
能介绍

【内容小结】

数字化战略转型风起云涌的当下,数字建筑成为传统建筑产业转型升级的核心引擎,BIM 技术作为数字建筑的基础性及关键性技术,从 2011 年开始至今,住房和城乡建设部几乎每年都强力发文,对 BIM 技术应用提出了明确要求。本章内容从 BIM 技术的概念、特点、应用进行介绍,旨在明确 BIM 技术的内涵建设,并通过鲁班 BIM 应用客户端实现 BIM 技术在项目管理全过程的应用。

【在线测试】

在线测试

【内容拓展】

针对大连某项目 4#5# 楼进行 BIM 技术应用汇报,分小组进行 PPT 整理及汇报。

第 2 章　BIM 技术在投标阶段的应用

【学习目标】

1.明确 BIM 技术在投标阶段的具体应用；

2.掌握不同投标阶段 BIM 技术的操作方法。

【任务导引】

BIM 技术在投标阶段的应用主要是对图纸问题进行梳理，并完成技术标的编制。如何利用软件进行不同专业图纸问题的梳理，以及在具体技术标编制过程中需要哪些 BIM 技术应用内容作为支撑，是我们本章要解决的主要问题。

任务分解：

1.不同专业图纸问题梳理的流程以及图纸记录的基本内容；

2.技术标编制过程中的核心问题及 BIM 技术融入。

2.1　图纸问题梳理

2.1.1　应用介绍

图纸是通过二维的图形和文字来表达设计意图的一种技术文件。将二维设计图纸提前建立三维 BIM 模型，通过可视化、立体化手段对单专业或多专业模型进行检查，查找出设计不明确的地方；然后，通过图纸会审的方式来共同解决图纸中的设计问题，使设计图纸在实际施工之前就完全符合实际施工要求，以此来减少工程变更，降低投标项目工程造价成本风险，加快工程进度，提升工程质量。

2.1.2　具体流程

各专业 BIM 模型创建过程中，把发现的专业图纸问题及时在"图纸问题标准模板"中记录。记录后由专业 BIM 工程师整合，进行第一次审核，第一次审核修正后再与项目技术人员进行第二次交底审核，最后同业主方、设计单位等各参建方共同进行图纸会审，然后由设计单位对已确定的图纸问题提出设计变更，解决图纸问题。图纸问题交底流程如图 2.1.1 所示。

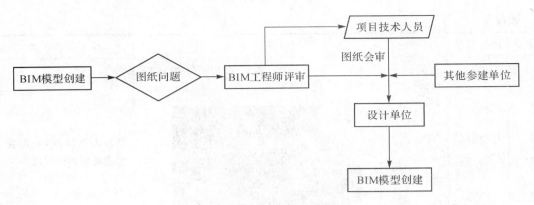

图 2.1.1　图纸问题交底流程

1. 土建图纸问题

土建图纸问题记录如表 2.1.1 所示。

表 2.1.1　土建图纸问题记录

工程名称		A 办公楼	日期	2018 年 6 月 30 日
序号	图纸编号	图纸问题		模型处理办法
1	建筑施工第 7 张	本张图纸中说明此类位置设置 200mm 门槛。在建筑施工和结构施工说明中均未对有水房间翻边做说明，是否绘制？ 注：1. 墙体除注明外，外墙充填均为 260 厚保温砌块，内填充墙充填 200 厚加气混凝土；2. 门窗除注明外，均为 100 宽贴柱边或墙边或底中，与编框、楼板预留洞口均见各专业；3. 管道井内壁应边抹边找平压光，并保证管道抹壁平整、光滑，管道竖井井内护墙砌筑时应；4. 水电管道井檐修门槛 200 高，待设备安装完成后采用 C20 素混凝土浇筑。		按图纸要求，仅在水电管井位置设置门槛
2	建筑施工第 7 张	建筑施工门窗表中防火窗标高为顶至梁底，而有多处防火窗上方无梁，标高应如何设定？		防火窗无梁，窗顶标高取邻近结构梁高，窗上方设置 200mm 高随墙厚圈

续表

序号	图纸编号	图纸问题	模型处理办法
3	建筑施工第7张	一层左侧出口位置,－0.05m框架梁比室外地面高0.55m,且与台阶冲突,应如何更改? 	暂按图纸绘制,给出修改意见后再做修改
4	—	卫生间平面图未给蹲位隔墙高度及门参数 	隔墙按全高布置,门按M0621布置

2. 钢筋图纸问题

钢筋图纸问题记录如表2.1.2所示。

表2.1.2 钢筋图纸问题记录

工程名称		A办公楼	时间	2018年6月30日
序号	图纸编号	图纸问题		模型处理办法
1	二层梁配筋平面图	6-7交A-B轴范围内WKL6(1A)梁集中标注跨数为1A,平面图中跨数为2跨,以何为准请确认		暂按2跨设置
2	二层梁配筋平面图	6-7交F-E轴范围内WKL7(1A)梁集中标注跨数为1A,平面图中跨数为2跨,以何为准请确认		暂按2跨设置
3	一层梁配筋平面图	4交B-E轴范围内KL-5(3)第一跨原位标注右上部筋5C20 4/18钢筋数表示错误,请明确		暂按5C20 4/1设置
4	一层板配筋平面图	5-6交B-C轴范围内有两块板未给出配筋信息,请明确		暂未设置板筋
5	一层板配筋平面图	5-6交E-D轴范围内有两块板未给出配筋信息,请明确		暂未设置板筋

3. 机电图纸问题

机电专业分强电、弱电、暖通、消防、给排水五大专业,应按单体工程分专业分别记录图纸问题,如表 2.1.3 所示。

表 2.1.3　机电图纸问题记录

工程名称		A 办公楼	时间	2017 年 6 月 30 日
序号	图纸编号	图纸问题	设计答复 (模型处理方法)	
		A 办公楼强电		
1	给排水 变更	 平面图与系统图不符,系统图少一个地漏的支管	—	
2	五层~十四 层平面图	 13-N 弱电井内弱电桥架与消防电桥架碰撞,且固定在井内 无楼板区域	—	

续表

序号	图纸编号	图纸问题	设计答复 （模型处理方法）
3	电施-112A 地下一层 照明 平面图	 10-13-R-Q 区域内配电箱 F1XLb 在系统图上未找到	系统图上 F2XLb 在照明图上也找不到，所以用 F2XLb 代替 F1XLb

2.2 技术标

BIM 施工
平面布置

2.2.1 工程概况的表现

工程概况是一份技术标最初展现给业主的内容，为了增强标书的表现力，可以根据图纸进行文字及图表形式说明后，插入相关的 BIM 模型图，用直观的三维视觉效果提高标书的表现力，如图 2.2.1 至图 2.2.3 所示。

图 2.2.1 周边环境介绍

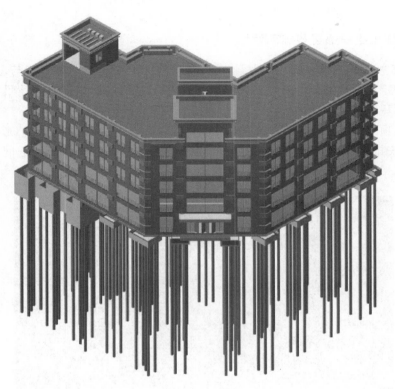

图 2.2.2 土建模型

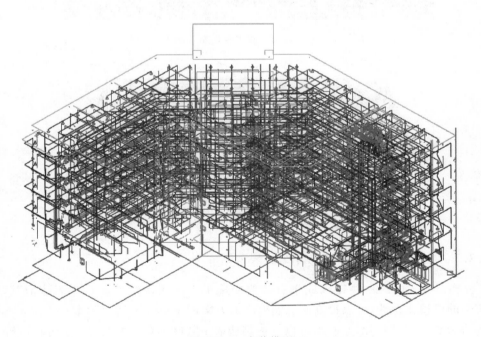

图 2.2.3 安装模型

2.2.2 施工组织部署和施工计划模拟

利用 BIM 模型的三维可视化特性,通过三维表现来介绍施工整体流程与思路,及时发现每个环节的重点、难点,方便制订并完善合理可行的进度计划,保证整个项目实施过程中人力、材料、机械安排的合理性。

结合工程项目施工进度计划的文件和资料,将模型与进度计划文件整合,形成各施工时间、施工工作安排、现场施工工序完整统一,可以表现整个项目施工情况的进度计划模拟文件。如图 2.2.4 和图 2.2.5 所示。

图 2.2.4 施工现场布置图

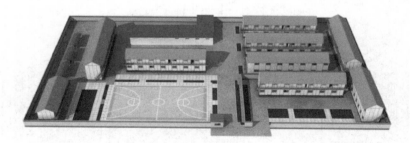

图 2.2.5 生活区场地布置图

2.2.3 重点施工方案和工艺介绍的表现

工程施工方案中的一些特殊或重点部位的施工工艺用传统方法很难表述清楚,利用 BIM 模型的可视化特性,可以很方便地模拟施工方案的整体实际情况和重点工况。(说明:因为 A 办公楼项目结构比较简单,故以下案例选取了其他具有代表性的项目进行讲解。)

案例:某工程大型钢结构网架滑移法施工方案模拟

本工程包括体育馆和训练馆两部分,其中体育馆网架为下旋球支撑三层网架结构,网架节点形式为螺栓球节点(局部焊接球节点),网架结构投影长度为 77.45m,宽度为 71.25m,投影面积为 5520m²,建筑标高为 35.8m。训练馆网架节点形式为螺栓球节点(局部焊接球节点),网架结构投影长度为 68.2m,宽度为 33.6m,投影面积为 2300m²,建筑标高为 27.8m。图 2.2.6 为体育馆、训练馆网架结构轴侧示意图,图 2.2.7 为体育馆、训练馆网架安装脚手架及滑移轨道搭设示意图,图 2.2.8 至图 2.2.12 所示为钢结构网架滑移法施工方案模拟。

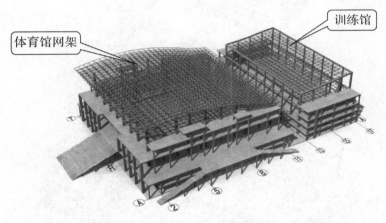

图 2.2.6　体育馆、训练馆网架结构轴侧示意图

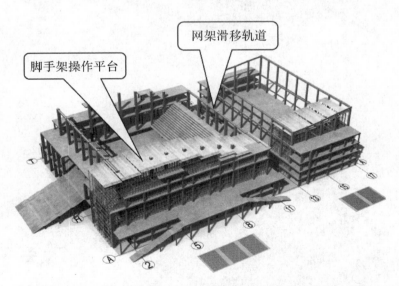

图 2.2.7　体育馆、训练馆网架安装脚手架及滑移轨道搭设示意图

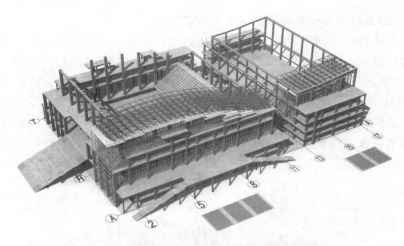

图 2.2.8 在满堂操作架上拼装 WJ1 及屋面檩条、马道

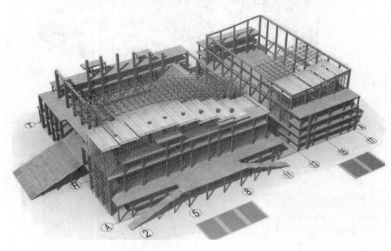

图 2.2.9 第一部分网架滑移一个单元

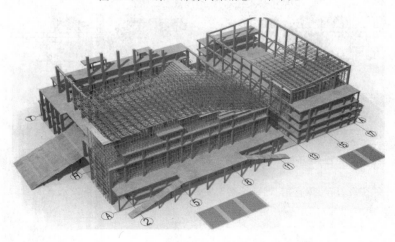

图 2.2.10 在满堂操作架上拼装 WJ1 及屋面檩条、马道

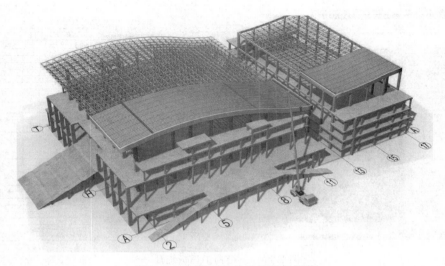

图 2.2.11　屋面维护系统现场安装

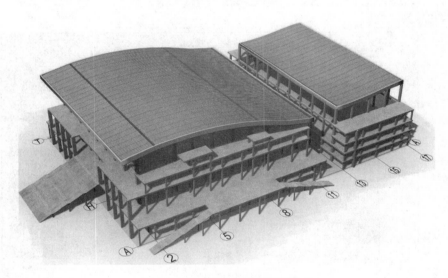

图 2.2.12　钢结构屋面安装完成

2.2.4　工程量的统计

从施工 BIM 模型获取各子项的工程量清单以及项目特征信息,提高各阶段工程造价计算的效率与准确性。利用 BIM 软件获取施工作业模型中的工程量信息(见图 2.2.13和图 2.2.14),将其作为建筑工程招投标时编制工程量清单与招投标控制价格的依据,也可作为中标后施工图预算的依据。同时,从模型中获取的工程量信息应满足合同约定的计量、计价规范要求。

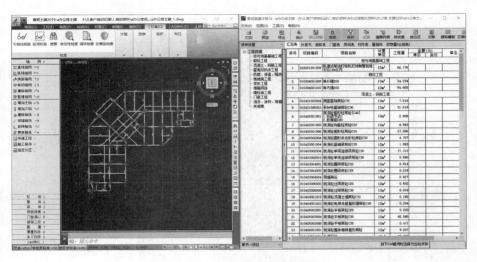

图 2.2.13　结构工程量统计

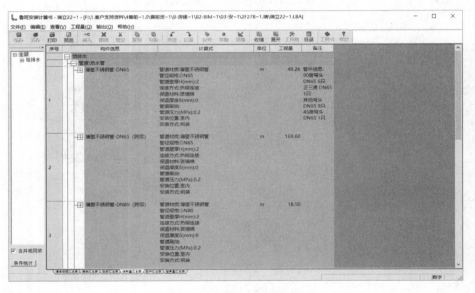

图 2.2.14　机电工程量统计

【内容小结】

通过三维模型核查图纸问题,能解决二维图纸中容易忽略的问题,加快图纸问题梳理流程;BIM 技术在技术标中的广泛应用,可以提高施工企业的中标概率。

【在线测试】

在线测试

【内容拓展】

1. 对大连某项目 4#5# 楼进行图纸问题记录,可选定一个专业完成。

2. 运用 BIM 技术对大连某项目 4#5# 楼进行工程概况的描述。

第 3 章　BIM 技术在施工准备阶段的应用

【学习目标】

1. 明确 BIM 技术在施工准备阶段的具体应用；

2. 掌握不同施工准备阶段 BIM 技术的操作方法。

【任务导引】

BIM 技术在施工准备阶段的应用主要包括工程量的划分、设备进场路线的模拟、支撑维护系统的模拟、复杂钢筋节点的排布、进度计划的编制等，本章对不同实施点进行了具体流程的介绍以及实际应用的操作，结合 A 办公楼项目完成施工准备阶段的主要内容。

任务分解：

1. 完成 A 办公楼项目工程量的划分；

2. 完成 A 办公楼项目计划进度的编制，并进行进度管理。

3.1　分区施工工程量划分

3.1.1　应用介绍

运用鲁班 BIM 软件施工段划分功能，项目管理人员首先可直接、快速地提取施工区域的实际施工用量，从而减少对算量人员拆分计算施工区域人、材、机用量的依赖；并可以提取多个不同分区工程量，为施工管理提供有效的数据支撑，杜绝拍脑袋、瞎指挥。其次，便于对材料采购的管控，减少因材料采购过多导致有限的施工场地被占用和材料浪费等问题。此外，在 GO 端中进行多个分区的资源分析，直接生成资源分析表，用于向领导汇报，方便领导直观地看到分区数据资料。

3.1.2　具体流程

在BE中上传 pds 文件 ⇒ 提取分区工作量 ⇒ 在Luban Plan 分区关联模型 ⇒ 在 GO 端进行资源分析

1. 施工区域划分

（1）鲁班土建完成 BIM 模型创建，单击"BIM 应用"—"施工段"—"布施工段"，在左侧"构件属性面板"定义施工段，按照建筑平面图纸要求在模型中绘制施工段区域，如图 3.1.1 所示。

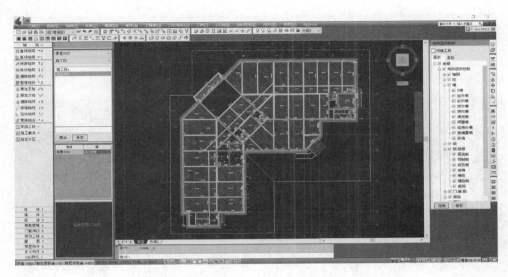

图 3.1.1　施工段区域

（2）单击"工程量计算"，弹出"综合计算设置"对话框，如图 3.1.2 所示。选择需要计算的楼层和构件类别，勾选"按施工段计算"。单击"确定"，软件开始计算工程量。

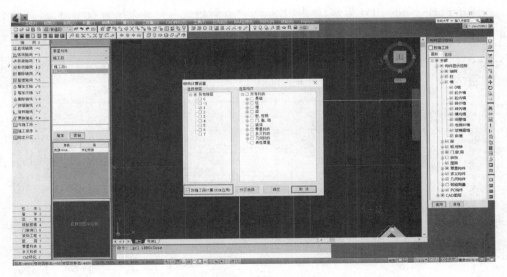

图 3.1.2　计算工程量

（3）工程量计算完成，单击"工程"—"导入导出"—"输出.pds"，设置文件存储路径，单击"保存"按钮，软件进入模型导出进程。

注：施工段定义时需要设置类别，软件提供了"土方工程/一次结构/二次结构/装饰工程/其他类别"等选项可以选择。读者可以思考一下，如果这几个类别均要划分施工段计算，应该怎么操作？

2. 打开鲁班浏览器，单击"系统"—"上传工程"，选择 pds 文件存储的路径，弹出"上传工程"设置对话框，如图 3.1.3 所示，设置工程类型和授权对象，单击"确定"，模型进入上传进程。模型上传完成后，在鲁班浏览器右下角提示"模型上传完成"，可以选择是否直接打开模型。

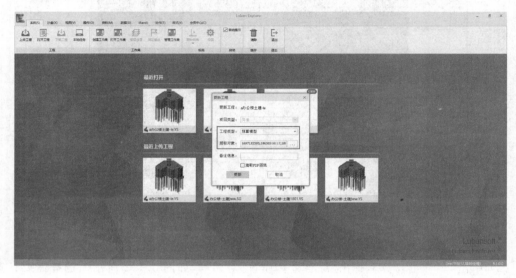

图 3.1.3　打开模型

3. 打开上传完成的 BIM 模型，单击"数据"—"查看报表"，打开报表查看窗口，报表类型选择"分区表"，如图 3.1.4 所示。报表按分区显示工程量，支持按分部工程筛选数据的显示。

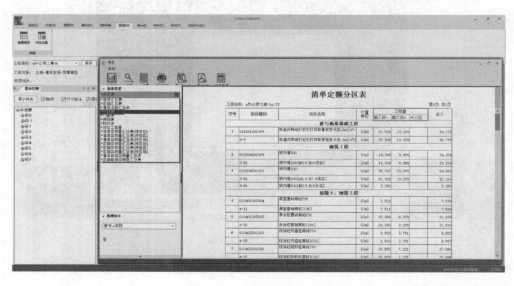

图 3.1.4　分区显示工程量

3.2　设备进场路线模拟与优化

设备进场
路线模拟
与优化

3.2.1　应用介绍

在施工前合理规划设备进场路线,现场按规划路线安排施工,不仅方便大型设备进场,加快施工进度,也可减少二次拆除,方便相关人员合理安排施工工序以及掌控设备采购资金节点。

3.2.2　具体流程

1. 鲁班土建中完成主体、二次建模后导出 pds 文件,见分区施工划分节;如果是 Revit 创建的工程模型,如图 3.2.1 所示,单击"鲁班万通"—"导出 PDS",设置导出选项,可把 Revit 创建模型导出为"＊.pds"。

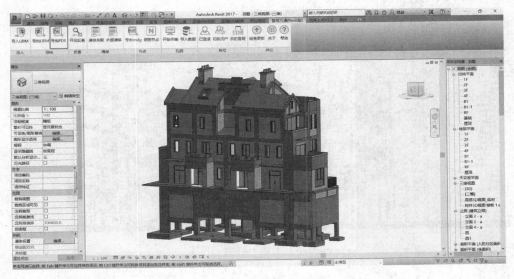

图 3.2.1　Revit 模型导出为 pds 格式

注:使用 Revit 创建的模型导出需要提前安装 LubanTrans-Revit 插件。

2. 打开鲁班集成应用,单击"系统"—"创建工作集",弹出"创建工作集"对话框,如图 3.2.2所示。"项目选择"选择 A 办公楼所在项目,在工程列表显示当前项目的所有模型,这里选择 A 办公楼土建＋A 办公楼机电模型。设置授权对象,单击"确定"即可完成工作集创建。软件提示工作集创建完成,可以单击"是"打开创建的工作集,如图 3.2.3 所示。

图 3.2.2　工作集创建设置

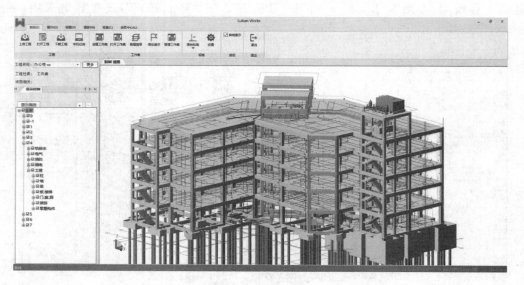

图 3.2.3　土建＋机电工作集

3. 通过对 CAD 二维图纸或三维模型的大型设备进行定位筛选,对需要规划路径的大型设备进行列表(见图 3.2.4)。鉴于路径规划需求,可将同区域的大型设备按区域划分;根据现场预留吊装孔位置,在鲁班集成应用中对模型进行三维空间路径分析模拟。

大型设备列表		
B2F 办公冷冻机房		
序号	设备名称	规格(L * B * H)
1	CH-0　B2-01	5400 * 3680 * 2500
B1F 酒店冷冻机房		
1	CH-H　B1-01	5400 * 3680 * 2500
2	CH-H　B1-02	5400 * 3680 * 2500
3	CH-H　B1-03	5400 * 3680 * 2500
B1F 酒店变电所、柴油发电机房		
1	MB1-TM1,MB1-TM2(干式铜芯变压器)	2200(W) * 1500(D) * 2200(H)
2	MB1-H1,MB1-H2(10kV 高压负荷开关柜)	1200(W) * 1500(D) * 2200(H)
B1F 酒店冷冻机房变电所		
1	MB1-TM3,MB1-TM4(干式铜芯变压器)	2400(W) * 1350(D) * 2200(H)
2	MB1-H3,MB1-H4(10kV 高压负荷开关柜)	1200(W) * 1500(D) * 2200(H)
B1F 办公变电所柴油发电机房		
1	OB1-TM1,OB1-TM2(干式铜芯变压器)	2400(W) * 1500(D) * 2200(H)
2	OB1-H1~OB1-H4(10kV 高压负荷开关柜)	1200(W) * 1500(D) * 2200(H)
B1F 锅炉房辅助用房(酒店)		
1	B-H-B1-01/02/03/04/05	4716 * 2020 * 2280
2	CW-H　B1-01	1320 * 1150 * X

图 3.2.4　大型设备列表

4. 三维模型路径分析。

(1)提取设备与环境分析:根据现场预留吊装孔位置,在 Luban Works 中对模型进行三维空间路径分析模拟。单击"漫游"—"提取设备",弹出"设备管理"面板,如图 3.2.5 所示。单击"提取设备",然后在 BIM 模型中选择"进场设备",鼠标右击"提取",弹出"新建设备"面板,如图 3.2.6 所示,单击"保存"即可完成对"进场设备"的提取。提取完成后在"漫游"模式下以"第三人称视角"结合 BIM 模型对设备周围环境进行分析,如图 3.2.7 所示。

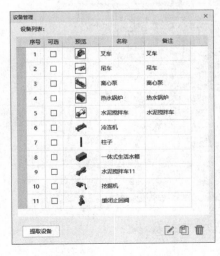

图 3.2.5　"设备管理"面板

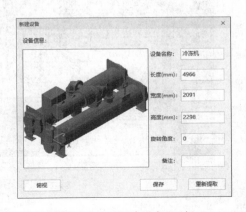

图 3.2.6　"新建设备"面板

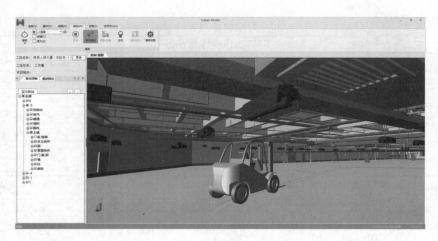

图 3.2.7　三维模型环境分析

（2）现场实际情况分析：结合现场情况（考虑施工技术、物资、机具、人员及施工环境的准备工作），对实际进场路线进行分析规划（以地下一层设备为例）。地下一层大型设备机房有 B1F 酒店冷冻机房，B1F 酒店变电所、柴油发电机房，B1F 酒店冷冻机房变电所，B1F 办公变电所柴油发电机房，B1F 锅炉房辅助用房（酒店）等。从地上一层吊装孔吊装下来的设备在 B1 层经过通往澄星大厦的通道滚至各自的机房。B1F 酒店变电所、柴油发电机房的设备由澄星大厦 16-17 轴/J-H 轴的吊装孔运送吊装。该吊装孔尺寸为 7000mm×3000mm。该位置设备滚动过程中涉及澄星广场 B1 层 15-16 轴/C-J 轴机电的安装时间、澄星大厦 C-D 轴进入各个设备机房的砖墙安装时间。

5. 技术交底资料制作。

（1）在 CAD 二维图纸绘制设备进场路线：根据实际最优路径分析，在二维图纸中绘制最优设备进场路线图，如图 3.2.8 所示。

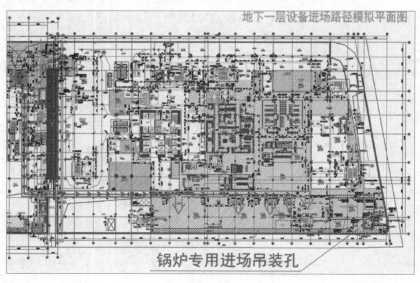

图 3.2.8　二维图纸绘制进场路线

（2）指定路径模拟进场：根据 CAD 二维图纸已绘制路线，在 Luban Works 中进行指定路径漫游模拟进场，单击"漫游"—"指定路径"，在"左侧面板"中单击"指定路径"—"增加"，弹出"指定路径漫游设置"面板，设置路径等之后再在 BIM 模型中绘制"漫游路径"，如图 3.2.9 所示。绘制完成后鼠标右击"确定"完成绘制。在"左侧面板"中单击"播放"按钮，即可进行设备模拟进场，如图 3.2.10 所示。

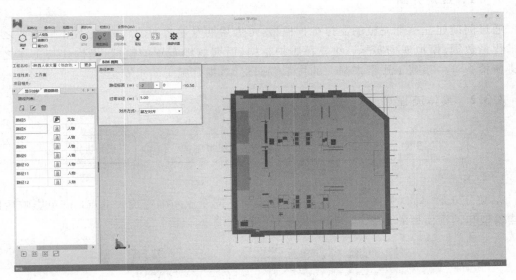

图 3.2.9　指定路径绘制

图 3.2.10　指定路径漫游

3.3 支撑维护整体模拟

3.3.1 应用介绍

通过前期建立一个完整的支撑维护模型，可为后期专业之间的碰撞、统计不同专业之间的工程量数据、模拟现场实际三维支撑维护结构、后期场地布置的模拟、格构柱与主体之间的碰撞检查等一系列工作带来强大的技术数据支撑，提升施工质量安全。

3.3.2 具体流程

1. 打开鲁班土建，新建工程。
2. 确定工程基点（见图 3.3.1）、层高（建模前不同专业间确定统一基点，避免影响后期土建模型和钢构模型的拼接）。

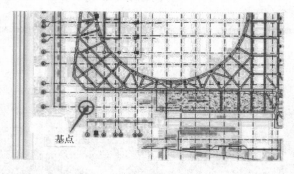

图 3.3.1 指定基点

3. 围护桩、桩边喷浆、格构柱的建立（注意：不同类型的围护桩的颜色不能相同，桩边喷浆可用"墙"构件绘制），如图 3.3.2 所示。

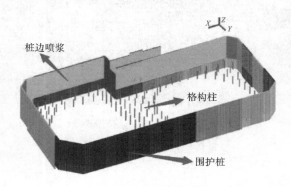

图 3.3.2 围护桩绘制

4. 支撑梁建模，注意梁加腋的位置（梁加腋用次梁绘制）。

5. 坡道板建模，注意坡道板的厚度、标高以及支撑放大的位置，如图 3.3.3 所示。

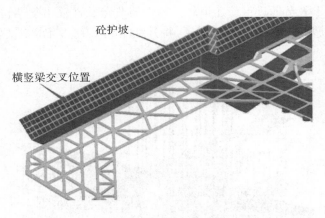

砼护坡

横竖梁交叉位置

图 3.3.3 坡道板建模

6. 砼护坡（用"板"绘制）以及锚索横梁、竖梁构件的建立（注意：横梁与竖梁绘制前一定要与钢构建模人员确定好起步距离以及间距，防止后期两个专业模型拼接时位置发生偏移），如图 3.3.4 所示。

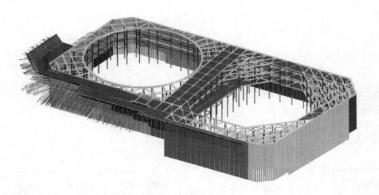

图 3.3.4 砼护坡建模

3.4 复杂钢筋节点排布

复杂钢筋
节点排布

3.4.1 应用介绍

钢筋是结构施工中最重要的受力材料，钢筋与混凝土有着近似相同的线性膨胀系数，共同作用可产生良好的黏结力。钢筋是隐蔽工程，必须保证符合规范规定的排布、锚固、搭接等要求。

现场施工过程经常存在如下问题:(1)工人不懂规范和图纸,未能按规范排布钢筋;(2)班组为图施工方便,更改钢筋排布规则;(3)结构复杂位置没有相应的规范说明,且多边存在争议。钢筋技术人员通过钢筋建模软件和钢筋节点软件输出复杂位置的钢筋节点(见图3.4.1),并对钢筋排布、锚固等进行编辑,将其共享到 BIM 平台,施工各方参照钢筋节点施工。

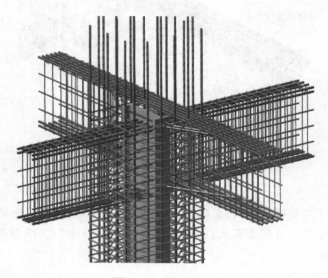

图 3.4.1　钢筋节点

3.4.2　课前思考

1. 现场需要对哪些位置制作钢筋节点?
2. 制作钢筋节点的技术人员应该具备怎样的技术能力?

3.4.3　具体流程

1.操作流程及思路

(1)在鲁班钢筋中创建一次结构模型并进行构件配筋,检查钢筋模型确定无误,如图3.4.2所示。模型切换至平面显示,单击"鲁班节点"—"钢筋节点详图",拉框选择需要输出钢筋节点的构件,如图 3.4.3 所示。

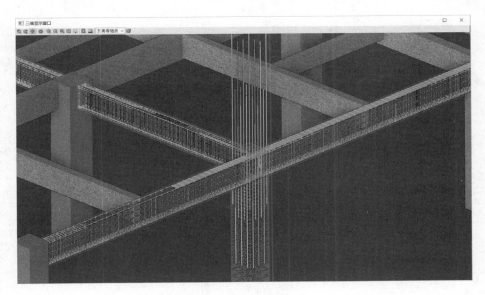

图 3.4.2　钢筋模型三维

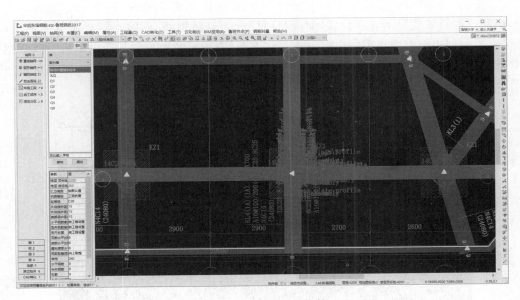

图 3.4.3　平面选择构件

（2）系统自动打开鲁班节点软件，并将选择的构件钢筋骨架和实体显示在绘图区域，如图 3.4.4 所示。

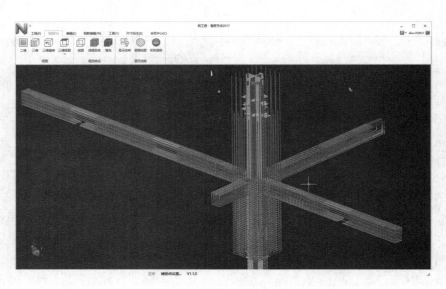

图 3.4.4　鲁班节点的钢筋骨架

（3）使用"钢筋编辑"菜单对钢筋骨架进行编辑，如图 3.4.5 所示。

钢筋节点只需要显示复杂位置，使用"打断"命令打断钢筋，删除不需要显示的钢筋；移动钢筋，模型切换至对应视图"俯视（仰视）"/"左视（右视）"/"前视（后视）"，单击"移动钢筋"命令，选中需要移动的钢筋并右击，此时在钢筋位置出现坐标系。鼠标在坐标轴上单击一次可沿某一坐标轴移动钢筋，输入数值即可准确移动钢筋。

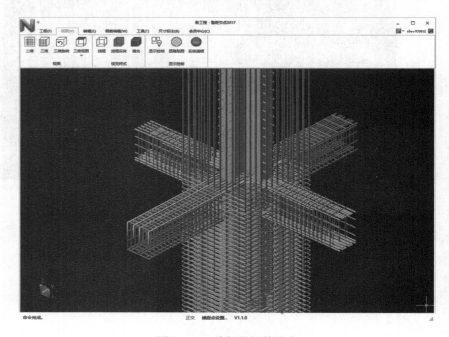

图 3.4.5　编辑的钢筋节点

钢筋编辑常用命令有移动钢筋、钢筋绕弯、旋转钢筋、型钢开洞,学生可自己熟悉命令的使用方法。

(4)钢筋骨架排布制作完成后,组织建设单位、设计单位、施工单位、监理单位对钢筋骨架模型进行审查,对钢筋排布存在的问题提出修改意见,由钢筋技术人员完成修改,钢筋设计缺陷由建设单位提请设计单位给出设计变更。钢筋技术人员完成钢筋骨架排布的最终修改。

2.钢筋节点共享

(1)钢筋节点上传。

打开 Luban Explorer,单击"操作"—"插入节点"命令,选择创建的钢筋节点并在模型中指定其在建模端的对应构件位置,软件自动读取插入点的楼层和标高。对钢筋节点添加备注信息,单击"确定"即可完成节点上传,如图 3.4.6 所示。使用同样方法,将制作的所有钢筋节点上传到 BIM 系统平台。

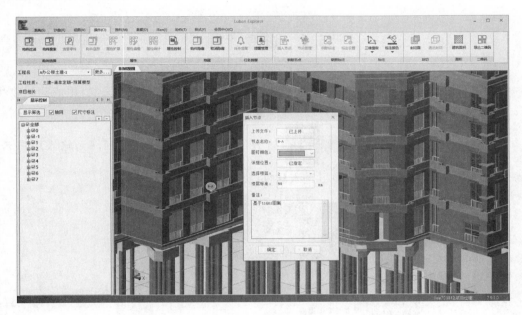

图 3.4.6　钢筋节点上传

(2)查看钢筋节点。

Luban Explorer 查看钢筋节点有两种方法(见图 3.4.7):

1)旋转模型至目标视图,双击模型中的节点图标,打开预览窗口即可旋转、缩放、筛选钢筋节点;

2)单击"操作"—"节点管理",打开节点管理对话框,双击钢筋节点行的"预览"图标即可打开钢筋节点预览窗口,该窗口操作同上。

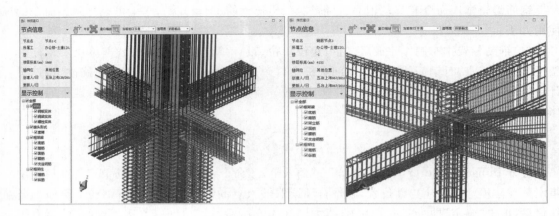

图 3.4.7 钢筋节点预览

3.5 进度计划

本节将利用 Luban SP 软件,教会大家如何进行模型与进度计划的关联,生成建筑物生长视频,并能在实际计划有偏差的时候及时预警。

双击桌面上 Luban SP 软件图标![Luban Plan],进入用户登录界面(见图 3.5.1),输入用户名、密码以及对应的服务器地址以后即可进入软件(见图 3.5.2)。

图 3.5.1 用户登录界面

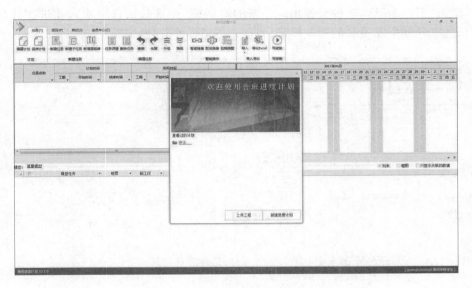

图 3.5.2　进入软件

3.5.1　编制进度计划

本节重点讲授利用 Luban SP 软件编制进度计划的方法。

单击"项目"栏下方的"上传工程",在弹出的打开文件对话框中,选择已导出的 pds 文件,单击"打开",如图 3.5.3 所示。

Luban Plan
之编辑
进度计划

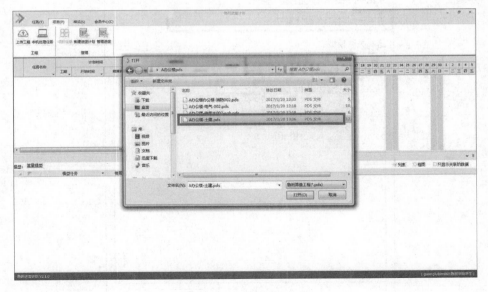

图 3.5.3　上传 pds 文件

1. 新建进度计划

单击"项目"栏下方的"新建进度计划",在弹出的对话框中选择相应的项目名称(见图

3.5.4），单击"下一步"后，软件会弹出一个新的对话框，在该对话框中输入此进度计划的名称并选择进度计划所要关联的专业模型（见图3.5.5），单击"确定"。

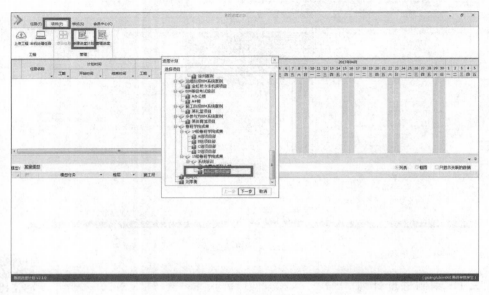

图 3.5.4　新建进度计划

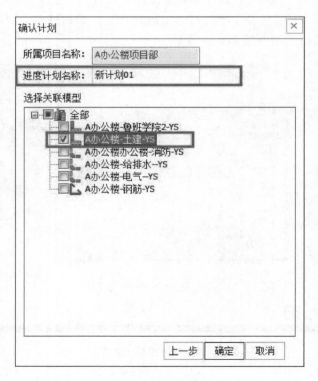

图 3.5.5　选中计划

2.新建任务

在新建完进度计划后,下一步要新建任务,这里软件提供了两种方法:一种是手工输入,还有一种是导入外部进度计划文件(支持 Excel 文件以及 Office Project 文件)。

(1)手工输入

单击"任务"栏下方的"新建任务",在弹出的对话框中输入任务名称、计划工期、计划开始时间、计划结束时间、实际工期、实际开始时间、实际结束时间(见图 3.5.6)。

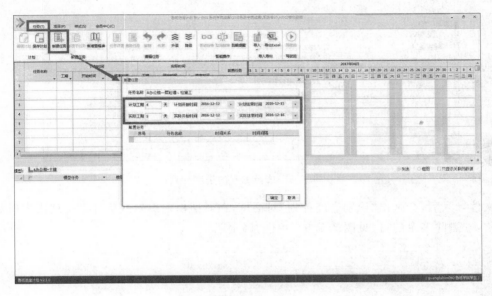

图 3.5.6 手工输入

(2)外部导入

单击"任务"栏下方的"导入",选择导入 Excel 或者 Project 文件(见图 3.5.7),选择相应的文件后,单击"打开"(见图 3.5.8)。

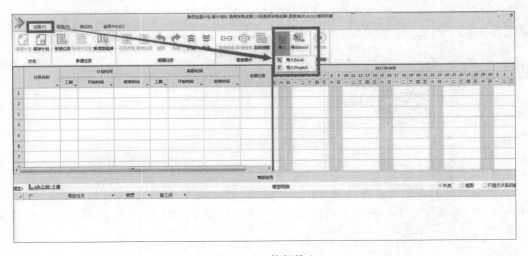

图 3.5.7 外部导入

图 3.5.8　选择编好的进度计划

文件导入后,会弹出"识别进度计划"对话框,在对话框内编辑进度计划每列内容所对应的名称,并删除多余的行(见图 3.5.9),单击"确定"。

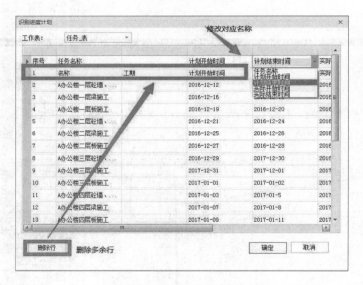

图 3.5.9　删除多余行

3.新增里程碑

新增里程碑的作用是在项目进行到一个阶段(例如:基础分部完成、建筑工程完成、安装工程完成等)时增加一个工期为 0 的特殊任务,目前只做突出标记之用(其与一般任务的区别见图 3.5.10)。

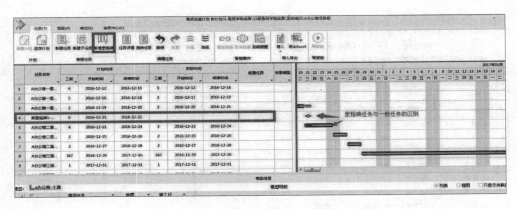

图 3.5.10 里程碑任务与一般任务的区别

4.修改任务

选中需要修改的任务,可进行新建子任务、任务详情编辑、删除任务、撤销与恢复、升级与降级、智能链接与取消链接和保存计划等操作(见图 3.5.11)。

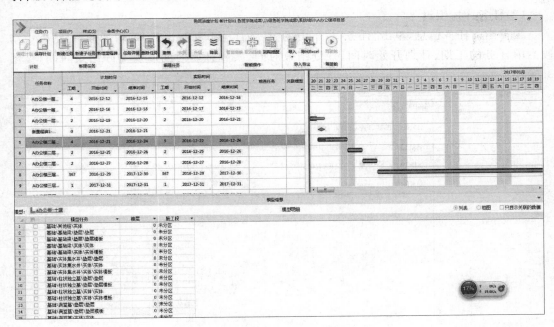

图 3.5.11 修改任务

(1)新建子任务

在选中的任务下新建该任务的子任务,点击"任务"栏下方的"新建子任务",在弹出的"子任务详情"对话框中输入相应的工期、计划开始时间、计划结束时间、实际开始时间以及实际结束时间(见图 3.5.12)。

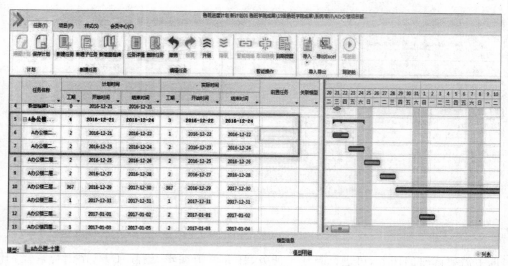

图 3.5.12　新建子任务

（2）任务详情编辑

编辑当前任务信息，单击"任务"栏下方的"任务详情"，在弹出的"编辑任务"对话框中修改当前任务的工期、计划开始时间、计划结束时间、实际开始时间以及实际结束时间（见图3.5.13）。

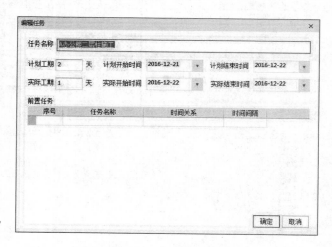

图 3.5.13　任务编辑

（3）删除任务

删除选中的任务，单击"任务"栏下方的"删除任务"，软件会提示"是否确定要删除选中项？"单击"确定"即可删除，单击"取消"则不删除（见图3.5.14）。

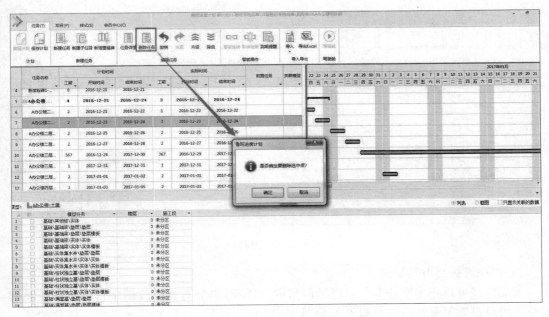

图 3.5.14　删除任务

（4）撤销与恢复

撤销或恢复上一步操作，单击"任务"栏下方的"撤销"或者"恢复"即可。

（5）升级与降级

降级是指把当前任务变为上一个任务的子任务（见图 3.5.15），而升级是指将任务升为与之前主任务同级的任务（见图 3.5.16）。

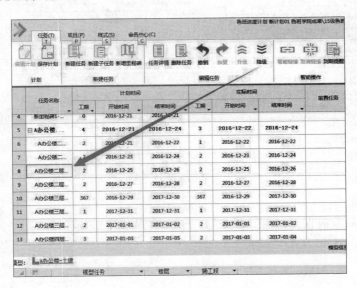

图 3.5.15　降级

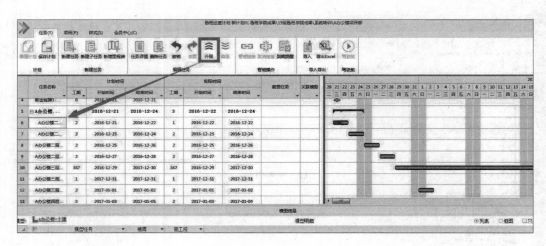

图 3.5.16 升级

(6)智能链接与取消链接

智能链接可以把多个任务关联成紧前和紧后任务,单击右方横道图中已链接任务之间的线段可以设置紧前紧后关系以及间隔时间(见图 3.5.17)。取消链接是把已链接的任务的链接取消,多选任务(按住电脑的 CTRL 键进行复选任务操作),单击"任务"栏下方的"智能链接"或"取消链接"即可(见图 3.5.18)。

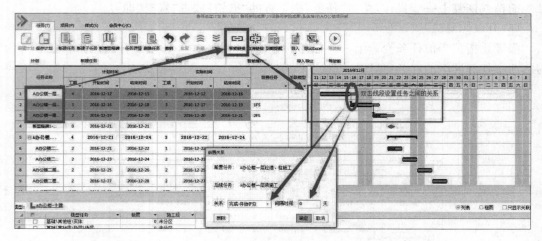

图 3.5.17 智能链接

(7)保存计划

任务修改完后及时保存,单击"任务"栏下方的"保存计划"即可。

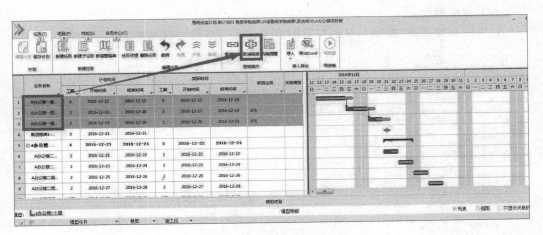

图 3.5.18　取消链接

3.5.2　进度计划关联模型

软件提供了两种关联模型的方法,分别是构件列表复选以及三维模型框图。

1.构件列表复选

在软件的右侧选择"列表",在左方的列表栏中,可以根据构件类型、构件所在的楼层以及构件所在的施工段去筛选需要关联的构件(见图 3.5.19),选中以后该任务的关联模型状态下会显示 图标。

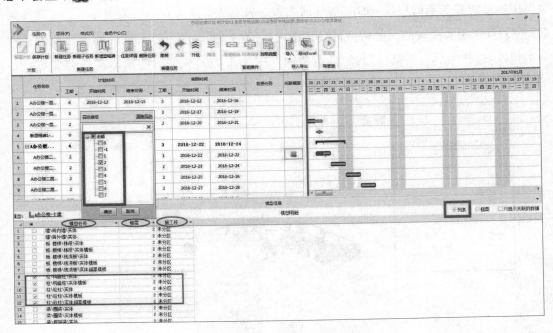

图 3.5.19　筛选构件

2.三维模型框图

在软件的右侧选择"框图",双击左方的模型进入三维模型框图界面(见图3.5.20)。

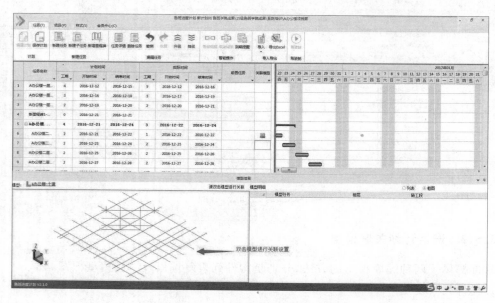

图 3.5.20　三维模型框图界面

进入三维模型框图界面后,选择对应的楼层、施工段、构件类型,使用"常规选择" ⬚ 去模型中框选所要关联的构件,使用"选择同类" ⬚ 去点选所要关联的同类构件,使用"选择同名" ⬚ 去点选所要关联的同名构件,使用"选施工段" ⬚ 去点选所要关联的施工段内的任意一个构件,选择完后右击鼠标选择"确定关联"(图3.5.21),关联后的模型颜色会变成红色(见图3.5.22)。

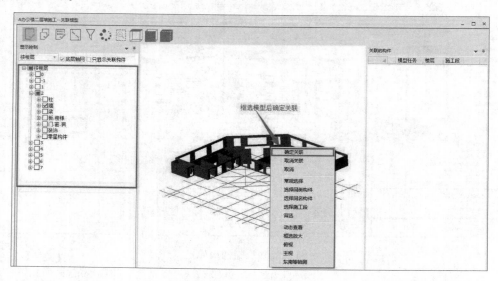

图 3.5.21　选择关联

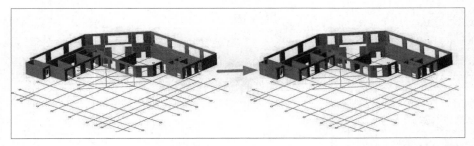

图 3.5.22　确定关联

3.5.3　驾驶舱进度模拟

保存计划后,在"任务"栏下方单击"驾驶舱",进入"驾驶舱"后,单击播放按钮▶即可观看整个项目虚拟建造过程(见图 3.5.23)。

驾驶舱
进度模拟

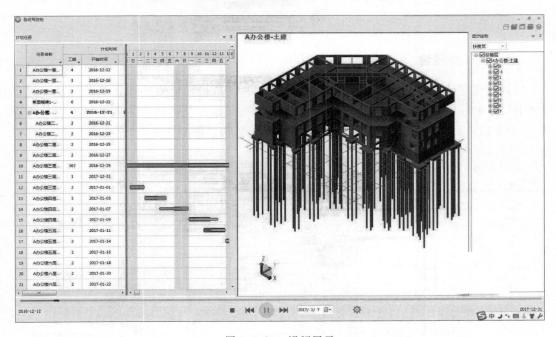

图 3.5.23　视频展示

软件支持一个进度计划关联多专业多个工程模型,且可在驾驶舱中同屏显示所有工程模型(见图 3.5.24)。

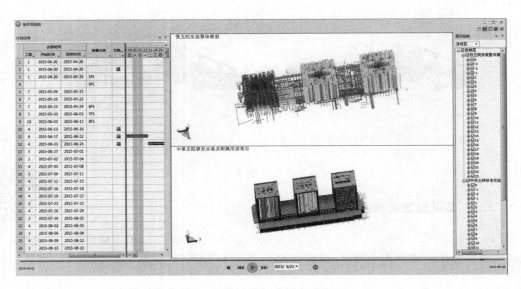

图 3.5.24　同屏显示工程模型

3.5.4　智能提醒

与其他进度计划编制软件"只编制不监管"不同,鲁班进度计划会根据当前日期和进度计划中任务的计划结束日期进行比较,对即将到期的任务或者到期未完成的任务进行提醒（右下角弹框）,且支持对提醒进行快速处理（完成或忽略）,如图 3.5.25 所示。

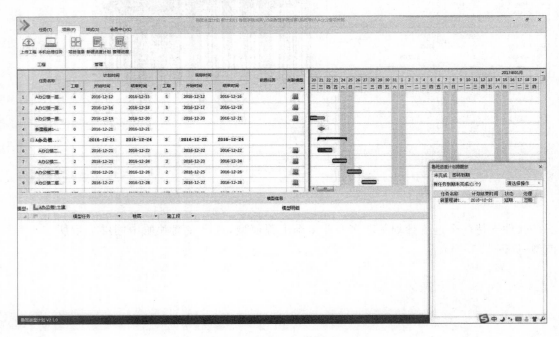

图 3.5.25　智能提醒

设置提醒内容：点击"任务"栏下方的"到期提醒"，在弹出的窗口中，可以选择提醒的内容、即将到期任务提醒的时间以及是否每天提醒即将到期的任务（见图 3.5.26）。

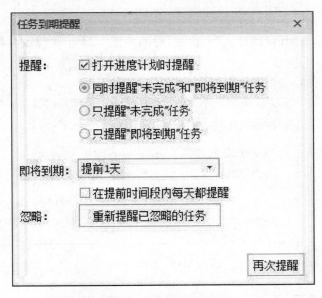

图 3.5.26　设置内容

3.5.5　进度计划管理

点击"项目"栏下方的"管理进度"，可以针对具体项目部已有的进度计划进行查看、修改以及删除的操作（见图 3.5.27）。

进度计划
管理

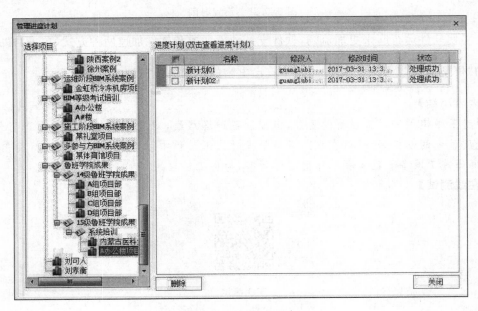

图 3.5.27　修改进度计划

样式调整：软件使用主流的甘特图方式进行进度计划的图例展示，直观反映进度情况，用户可以单击"样式"栏下方的"甘特图样式" 去修改甘特图的显示信息（见图3.5.28），同时可以单击"甘特图样式"右侧的"时间刻度" 去修改甘特图的时间刻度显示方式（见图3.5.29）。

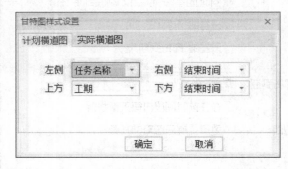

图 3.5.28　修改信息

图 3.5.29　设置时间

为了使软件运行起来更加流畅，软件支持硬件加速和软件加速两种方式（单击"样式"栏下方的"模型加速" ），用户可根据自己电脑的配置去选择相应的加速方式。

【内容小结】

通过三维模型进行工程量的划分，模拟设备进场路线，对复杂钢筋节点排布进行优化，进行进度计划的模拟等，可以在施工准备阶段对施工过程中可能存在的问题进行提前预处理，能提高施工准备阶段各项工作的实际效率，为施工过程的顺利开展奠定基础。

【在线测试】

在线测试

【内容拓展】

1.完成大连某项目 4#5# 楼模型施工段的划分。

2.完成大连某项目 4#5# 楼设备进场路线的模拟与优化。

3.完成大连某项目 4#5# 楼支撑维护模拟。

4.完成大连某项目 4#5# 楼复杂钢筋节点的排布。

5.完成大连某项目 4#5# 楼进度计划的编制。

第4章 BIM技术在施工阶段的应用

【学习目标】

1.明确 BIM 技术在施工阶段的具体应用；

2.掌握不同施工阶段 BIM 技术的操作方法。

【任务导引】

BIM 技术在施工阶段的应用点很多，结合 A 办公楼实际情况，本章共介绍了施工阶段的 12 个应用点，其中最重要的是基于 BIM 技术的实际进度管理和基于 BIM 技术的动态成本分析 2 个应用，每一个应用内容都要掌握具体的应用流程及功能介绍。

任务分解：

1.完成 A 办公楼项目实际进度与计划进度的对比；

2.完成 A 办公楼项目动态成本分析。

4.1 脚手架方案模拟

脚手架
方案模拟

4.1.1 应用介绍

脚手架方案模拟及用量计算是将建立好的土建模型导入鲁班施工软件中，利用施工软件中脚手架排布功能对建筑外围墙体按高度编号进行脚手架布置，并对布置的脚手架依次按照设置的纵横杆间距大小、斜向支撑、底部工字钢等参数进行排布，从而得出相应编号脚手架的各种材料用量和排布图，最后形成项目按编号脚手架钢管材料用量和相应的剖面图来指导施工的一个 BIM 应用。

4.1.2 具体流程

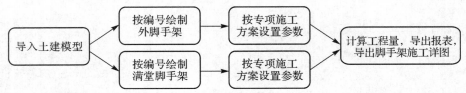

1.导入土建模型

打开鲁班场布软件，单击"工程"—"LBIM"，弹出"选择文件"面板，选择需导入的土建模型，弹出"导入选择"面板，勾选需要导入的楼层，单击"确定"，等待导入完成，如图 4.1.1 所示。

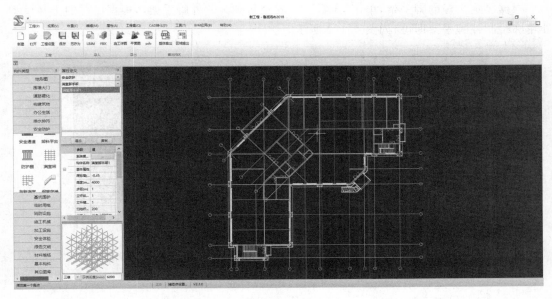

图 4.1.1　导入图纸

2. 定义脚手架属性

在"构件属性布置栏"选择"脚手架"，可选择扣件式脚手架（见图 4.1.2）和满堂脚手架（见图 4.1.3）。单击"增加"后双击增加的脚手架，进入"构件属性定义"面板，按照现场实际施工与脚手架搭设规范，定义脚手架参数，如纵横杆间距大小、斜向支撑、底部工字钢等。

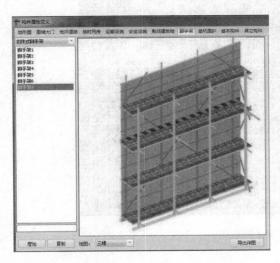

图 4.1.2　扣件式脚手架属性设置

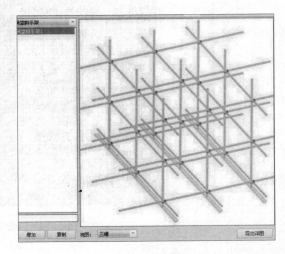

图 4.1.3　满堂脚手架属性设置

3.绘制脚手架

（1）按外轮廓绘制外脚手架

根据已定义好的脚手架，单击"布置"—"安全防护"—"外脚手架"，根据已导的土建模型外轮廓绘制外脚手架即可，如图 4.1.4 所示。

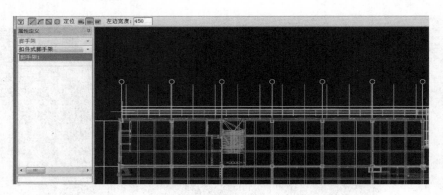

图 4.1.4　外脚手架绘制

（2）按楼层绘制满堂脚手架（见图 4.1.5）

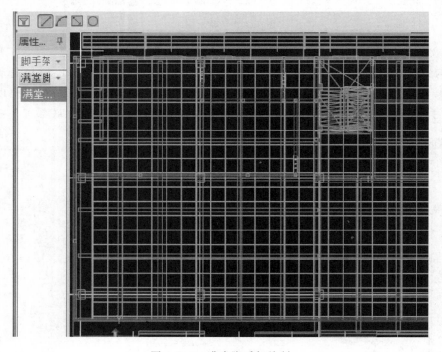

图 4.1.5　满堂脚手架绘制

4.出具施工详图

绘制和完善脚手架后，单击"工程"—"施工详图"，弹出"输出详图"面板，只勾选"左侧面板"选项为脚手架，可根据需要调整脚手架输出的布局和输出图纸设置，完成设置后单击"导出 DWG"即可完成脚手架施工详图的生成,如图 4.1.6 所示。

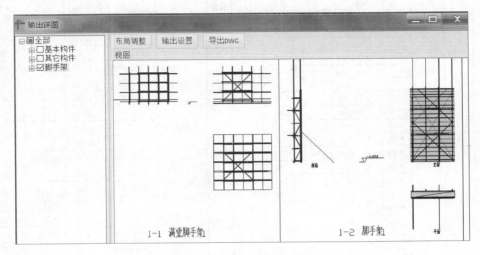

图 4.1.6　脚手架详图生成

5.出具三维图

通过菜单下的"视图"—"整体三维",可以在三维模式下查看其详细的三维构造信息,如图 4.1.7 所示。

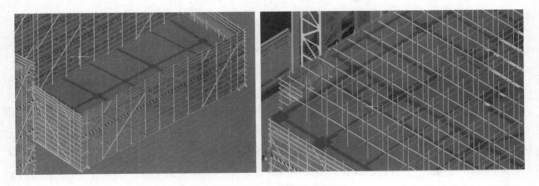

图 4.1.7　三维构造信息

6.出具工程量报表

工程量报表数据的应用需要先进行计算统计,单击"工程量"—"计算",弹出"工程量计算"面板,如图 4.1.8 所示。勾选需要计算的构件后单击"确定",等待工程量完成计算后,单击"报表"即可查看工程量报表数据,如图 4.1.9 所示。

满堂脚手架按楼层汇总表

楼层	栋号	材质	规格	长度（m）	数量	单位
5	1	扣件	旋转扣件	-	27556	个
		槽钢		106.500	1	根
				113.500	12	根
				114.000	1	根
				115.500	9	根
				116.000	6	根
				59.500	1	根
				86.500	1	根
		钢管	Φ48*3.5	0.500	52	根
			Φ48*3.5	1.000	64	根
			Φ48*3.5	1.500	140	根
			Φ48*3.5	2.000	128	根
			Φ48*3.5	2.500	4	根
			Φ48*3.5	3.500	8	根
			Φ48*3.5	4.000	3443	根
			Φ48*3.5	4.500	8	根
			Φ48*3.5	5.000	40	根
			Φ48*3.5	5.500	92	根
			Φ48*3.5	6.000	4432	根

图 4.1.8　工程量计算

扣件式脚手架按栋号汇总表

栋号	材质	规格	长度（m）	数量	单位
1	安全网	-		8209.991	m²
	挡脚板	18厚挡脚板	12.202	4	根
		18厚挡脚板	15.334	4	根
		18厚挡脚板	28.111	5	根
		18厚挡脚板	30.555	5	根
		18厚挡脚板	34.085	5	根
	槽钢		3.000	7	根
			3.500	13	根
			4.000	4	根
	脚手板	10厚竹编	-	4176.752	m²
	钢管	Φ48*3.5	1.000	294	根
		Φ48*3.5	1.500	3344	根
		Φ48*3.5	2.000	171	根
		Φ48*3.5	2.500	928	根
		Φ48*3.5	3.000	797	根
		Φ48*3.5	3.500	536	根
		Φ48*3.5	6.000	6908	根

图 4.1.9　工程量数据报表

4.2　柱梁砼等级不同分析

4.2.1　应用介绍

1.施工要求

《混凝土结构工程施工质量验收规范》（GB 50204—2011）规定柱/剪力墙混凝土强度高于梁板混凝土强度两个等级以上时，应在交界区域采取钢丝网板分隔措施。图 4.2.1 所示为柱梁节点模型，此处节点分隔位置应在低强度等级的构件中，且距离强度等级构件边缘不应小于 500mm。梁·柱/剪力墙节点处的混凝土应按柱/剪力墙混凝土强度等级先进行浇筑，在柱/剪力墙混凝土初凝前浇筑梁板混凝土，并加强混凝土的振捣和养护。

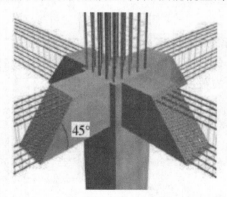

图 4.2.1　柱梁节点模型

2. 编制依据

(1) A 办公楼结构施工图;

(2)《建筑施工模板安全技术规范》(JGJ 162—2008);

(3)《混凝土结构工程施工质量验收规范》(GB 50204—2011);

(4)《建筑施工手册》(第四版);

(5)《高层建筑混凝土结构技术规程》(JGJ 3—2010)。

4.2.2 课前思考

1. 传统算法如何计算柱/剪力墙、梁的工程量?

2. 柱/剪力墙节点工程量如何计算?

4.2.3 具体流程

1. 操作流程及思路

(1) 创建一次结构模型

在鲁班土建 BIM 建模端软件中快速完成一次结构模型转化创建,其主要构件包括柱、梁、砼墙、板。检查一次结构模型并确定无误,如图 4.2.2 所示。

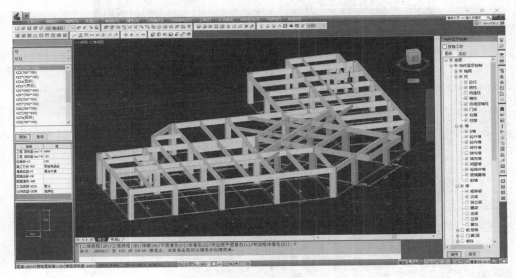

图 4.2.2 一次结构模型

(2) 生成柱梁节点

单击"视图"—"平面显示",将模型切换至平面显示。随后单击"BIM 应用"—"后浇带节点",根据建筑结构形式选择合适的节点生成方式,如表 4.2.1 所示。按照规范要求,设置水平段长度和倾斜角度(30°≤α≤90°),框选需要生成节点的柱/剪力墙构件,软件自动在与柱/剪力墙相连的梁板生成节点，如图4.2.3和图4.2.4所示。

表4.2.1 节点适用结构类型

节点类型	结构形式
梁柱节点（后浇带）	框架结构
梁板节点（后浇带）	各类型结构的梁板节点
梁墙节点（后浇带）	剪力墙结构

图4.2.3 梁柱节点图示

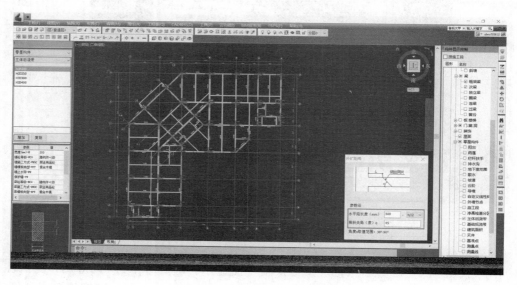

图4.2.4 柱梁节点生成设置

（3）套取清单定额

双击已生成的某"节点 500"名称，打开"属性定义"面板，单击"自动套清单"命令进行套取清单。计算项目选择"梁后浇带实体"，如图 4.2.5 所示。套取清单完成后退出"属性定义"面板。单击"工程量"—"工程量计算"，计算设置选择"全部楼层""主体后浇带构件"，等待计算完成后单击"工程量"—"工程量报表"，查看"工程量报表"数据，如图 4.2.6 所示。

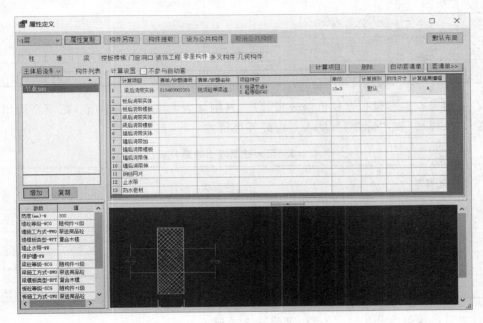

图 4.2.5　节点套取清单

图 4.2.6　柱梁节点工程量报表

2. 计算分析

节点产生的经济价值可用如下方法计算：

节点价值＝节点工程量×梁柱砼价差

（1）收集本期混凝土信息价，计算混凝土柱与梁的砼等级价差，见表4.2.2。

表4.2.2　梁·柱混凝土等级价差表

序号	砼等级	含税信息价	调差后价格	信息价差		调差价差	
				砼等级	价差	砼等级	价差（元）
1	C30	358.44	253.44				
2	C35	371.83	263.83				
3	C40	386.25	280.25	C30	27.81	C30	26.81

（2）应用节点工程量和梁柱价差分析计算，编制如表4.2.3所示报表，把模型输出的工程量填入"工程量"列，"价差"列填入对应砼等级价差。

表4.2.3　梁·柱混凝土等级分析

楼层	构件	砼等级	构件	砼等级	工程量（m³）	单价价差（元）	总价价差（元）
1层	柱	C40	梁	C30	28.08	27.81	780.90
2层	柱	C40	梁	C30	28.08	27.81	780.90
3层	柱	C40	梁	C30	28.08	27.81	780.90
合计	——				84.24	——	2342.71

（3）把项目各单体分析结果汇总，如表4.2.4所示。

表4.2.4　梁·柱/剪力墙混凝土等级不同汇总报表

单位工程	楼层	建筑面积（m²）	节点砼方量（m³）	总价价差（元）
3#楼	20	29150.44	498.37	30306.78
汇总	——	134993.32	2125.67	128062.18

4.3　构造柱平面定位图

构造柱平
面定位图

4.3.1　应用介绍

混凝土构造柱是在砌体房屋墙体的规定部位按构造配筋，并按先砌墙后浇灌混凝土柱的施工顺序制成的混凝土柱。与构造柱连接处的墙应砌成马牙槎，每一个马牙槎沿高度方向的尺寸不应超过300mm或5皮砖高。规范要求应在房屋的砌体内适宜部位设置钢筋混凝土柱并与圈梁连接，共同加强建筑物的稳定性。

现场构造柱施工整体流程如下：

由于构造柱在墙体砌筑前测量定位,其位置存在较多不确定性:(1)构造柱位置不在墙体中心线或完全偏离墙体,构造柱植筋不能发挥作用;(2)建筑和结构施工平面图通常没有对构造柱明确定位,而是只有几项文字说明,墙体的多种形式导致技术人员对构造柱定位有不同的见解;(3)构造柱定位需要兼顾门窗、洞口、墙体约束等,仅仅靠测量定位无法统筹兼顾。

BIM 完成一次和二次结构建模,软件"智能构柱"功能可以按照规范要求快速生成构造柱。在模型中结合门窗、洞口、圈梁等构件,统筹对构造柱位置进行定位、类型修改。

4.3.2 课前思考

1. 构造柱定位需要统筹考虑哪些问题?
2. 构造柱在结构受力中发挥什么作用? 构造柱位置错误会有什么影响?

4.3.3 具体流程

1. 操作流程及思路
(1) 建立完整土建模型

使用鲁班土建软件快速创建主体、二次结构等构件的完整土建模型,创建完成后检查并完善模型,保证模型的精确性,如图 4.3.1 所示。

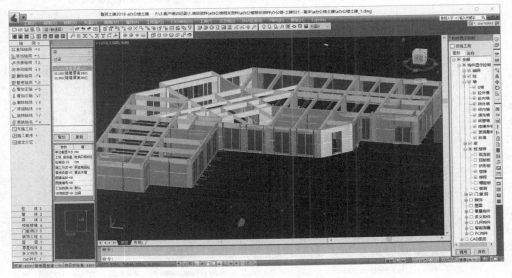

图 4.3.1 主体+二次结构模型

（2）平面显示与智能构柱

单击"视图"—"平面显示"，将模型切换至平面显示。通过"视图"—"构件显示"，仅显示轴网、砼墙、砖墙、柱、门窗、洞、圈梁、过梁构件。单击"布置"—"柱"—"智能构柱"，根据结构设计说明设置构造柱规则，设置完成后单击"确定"可快速生成构造柱，如图4.3.2所示。对砖墙转角（┗型、┻型、╋型）附近构造柱进行整体调整，转角位置结合门窗洞可设置为异形构造柱，邻近构造柱考虑转角处构造柱调整设置，如图4.3.3所示。此外，门、洞位置抱框柱的布置参照图纸说明进行调整设置。

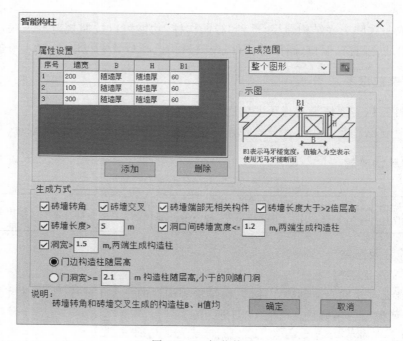

图4.3.2　智能构柱

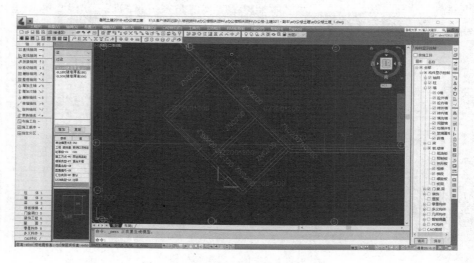

图4.3.3　门窗洞结合砖墙转角布置

（3）尺寸标注

逐一检查构造柱的布置，确认没有问题后，使用"BIM 应用"—"快速标注"命令，或 CAD 标注相关命令对构造柱位置进行标注，如图 4.3.4 所示。构造柱位置尺寸标注可结合楼层测量放线图，把楼层测量放线图中的"定位线"绘制在模型平面，以"定位线"为基准线对构造柱进行位置尺寸标注，方便现场测量使用。

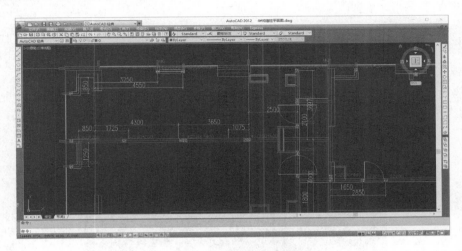

图 4.3.4　构造柱位置尺寸标注

（4）输出平面图

单击"视图"—"构件显示"，通过"构件显示控制"面板关闭其他构件名称，仅显示"构造柱"名称。单击"BIM 应用"—"生成图纸"—"生成平面图"，可按输出要求设置图纸名称、颜色模板、生成范围、施工段字高等。设置完成后单击"生成"，鼠标左键定位图纸放置的位置，如图 4.3.5 所示。打开 CAD 软件，新建 CAD 文件，把"构造柱平面图"粘贴到新文件中，保存为"＊＊工程＊层构造柱平面图"。

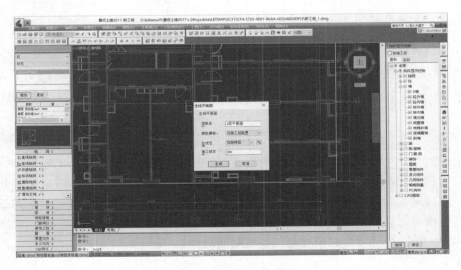

图 4.3.5　图纸生成设置

结构形式相近的楼层可共用一张构造柱平面图,结构形式相关性较大时另做构造柱平面图。

4.4 门窗、洞口过梁优化

门窗洞口
过梁优化

4.4.1 应用介绍

当墙体上开设门窗洞口,且墙体洞口直径大于 300mm 时,为了支撑洞口上部砌体所传来的各种荷载,并将这些荷载传给门窗等洞口两边的墙,常在门窗洞口上布设过梁,用来承受洞口顶面以上砌体的自重及上层楼盖梁板传来的荷载。

图 4.4.1 洞口上方布设过梁

4.4.2 课前思考

1. 门窗、洞口过梁优化可以给二次结构施工带来哪些价值?
2. 门窗、洞口过梁优化的情形和方式有哪些?

4.4.3 具体流程

查看结构设计总说明的过梁构造要求部分,描述如下:填充墙内门窗洞口无梁处,均设钢筋混凝土过梁。若洞口紧靠砼柱、墙边,或砼柱、墙边填充墙长度小于过梁的支撑长度时,应先在柱内预留过梁纵筋,再现浇过梁。当门窗洞顶至楼层梁底的距离≤h(过梁高度)+150mm 而无法另设过梁时,洞顶过梁与楼面梁同时浇筑(见图4.4.2)。

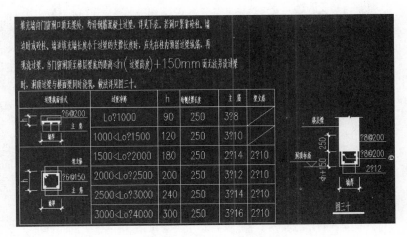

图 4.4.2　门窗洞口构造要求

优化内容：窗洞顶至楼层梁底的距离≤h（过梁高度）＋150mm 时，删除过梁，按结构梁设置计算。

1. 在鲁班土建 BIM 建模软件中进行主体、二次结构模型创建，二次结构模型包括砖墙、门窗、洞口、过梁、窗台、圈梁（如有）、构造柱等（见图 4.4.3）。对门窗、洞口复核（位置、标高），构造柱优化。

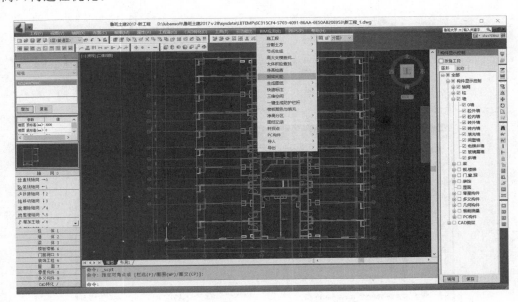

图 4.4.3　二次结构模型创建

2. 单击"BIM 应用"—"洞梁间距"，在弹出的对话框设置好间距值和楼层（见图4.4.4），进行洞梁间距检查（见图 4.4.5），根据生成的检查结果进行三维反查核实（见图 4.4.6）。

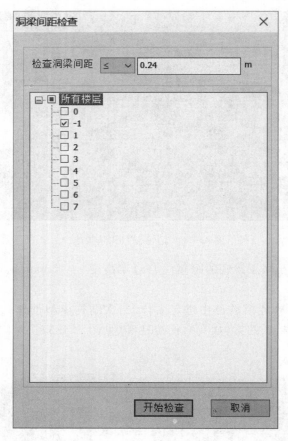

图 4.4.4　信息设置

图 4.4.5　洞口检查结果(洞梁间距≤0.27m)

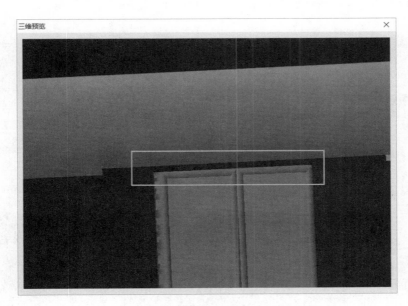

图 4.4.6　洞口顶部间距复核

3. 对有疑问的门窗洞口进行三维复核后,把检查结果统计在 Excel 表中(见表 4.4.1)。

表 4.4.1　A 办公楼二层优化过梁

序号	构件名称	型号	位置	梁高	洞口底高	洞梁间距	设计间距
1	木门	M1022	A～B/1～2	500	50	250	270
2	木门	M1022	A～B/1～2	500	50	250	270
3	木门	M1022	A～B/3～4	500	50	250	270
4	防火门	FM 丙 0619	A～B/1～2	500	350	250	240
5	防火门	FM 丙 0619	A～B/1～2	500	350	250	240
6	防火门	FM 丙 0619	A～B/4～5	500	350	250	240
7	防火门	FM 丙 0619	A～B/7～8	.500	350	250	240
8	防火门	FM 丙 0619	A～B/8～9	500	350	250	240
9	防火门	FM 丙 0619	C～D/1～2	500	350	250	240
10	电梯门洞	QD1322	4/B～C	550	50	200	270
11	电梯门洞	QD1322	4/B～C	550	50	200	270

按照门窗洞口过梁检查统计结果,在鲁班土建 BIM 建模软件中把过梁删除,改用独立梁绘制,绘制时注意独立梁的截面尺寸、标高应符合要求(见图 4.4.7)。洞口优化过梁绘制完成后,对独立梁套取清单/定额,清单/定额子目随该位置的结构梁。

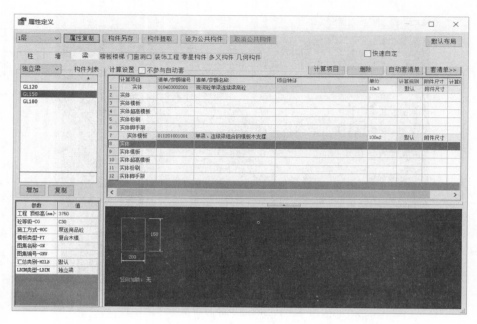

图 4.4.7 优化过梁属性设置

4. 模型修改后重新计算独立梁,输出工程量报表。模型导出"*.pds",更新服务器 BIM 模型。洞口优化的 BIM 模型如图 4.4.8 所示。

门窗定位
图及用
量统计

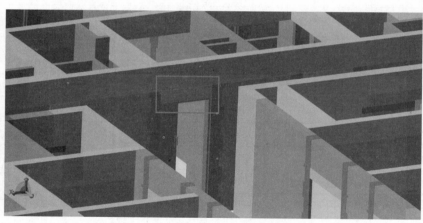

图 4.4.8 洞口优化的 BIM 模型

4.5 基于 BIM 技术的实际进度管理

基于 BIM
技术的实
际进度管理

4.5.1 应用介绍

为了反映项目现场施工进度,对项目现场进度进行管理,通过项目周工作计划安排、项目现场施工工序进行阶段定义,增强项目现场对进度的管控,明确分阶段施工所需工期,对比总结是否存在提高效率的可能性,并合理安排下阶段施工所需材料及资金。

4.5.2 具体流程

1. 与总包沟通,收集现场周实际进度;整理 Excel 表格,按照施工工序定义施工段名称与施工时间。

2. 按照施工区域、施工楼层进行统计分析,分析该区域构件的施工工序与施工时间对应关系,如表 4.5.1 所示。

表 4.5.1 办公楼现场实际进度

部位	四月份						五月份						六月份					
	5 日	10 日	15 日	20 日	25 日	30 日	5 日	10 日	15 日	20 日	25 日	31 日	5 日	10 日	15 日	20 日	25 日	30 日
基础钢筋																		
基础模板																		
基础砼																		
一层墙柱钢筋																		
一层墙柱模板																		
一层顶板钢筋																		
一层墙柱顶砼																		
二层砌砖																		
二层模板																		
二层顶钢筋																		
二层砼浇筑																		
三层砌砖																		
三层模板																		

续表

部位	四月份						五月份						六月份					
	5日	10日	15日	20日	25日	30日	5日	10日	15日	20日	25日	31日	5日	10日	15日	20日	25日	30日
三层顶钢筋																		
三层砼浇筑																		
四层砌砖																		
四层模板																		
四层顶钢筋																		
四层砼浇筑																		
五层砌砖																		
五层模板																		
五层顶钢筋																		
五层砼浇筑																		
六层砌砖																		
六层模板																		
六层顶钢筋																		
六层砼浇筑																		

3. Luban Explorer 沙盘状态管理

打开 Luban Explorer，单击"沙盘"—"沙盘模式"，进入状态（工序进度）编辑状态，把模型旋转至合适视角（一般设置为轴侧视角，再手动旋转至 15°左右俯视角）以便最大程度看到所有模型，如图 4.5.1 所示；单击"定义状态"，软件进入构件状态编辑界面。

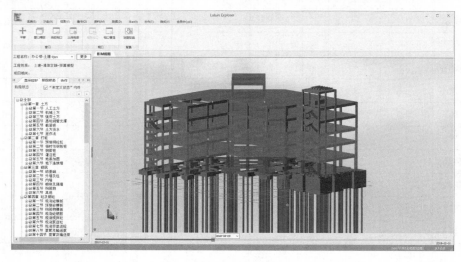

图 4.5.1 模型视角设置

4. Luban Explorer 定义构件状态

使用快速选择方式选择需要录入状态的构件,选择工序并设置开始和结束时间,对于所选构件可以同时添加多道工序;使用同样方法完成本期所有完工构件的状态即实际进度录入,如图 4.5.2 所示。

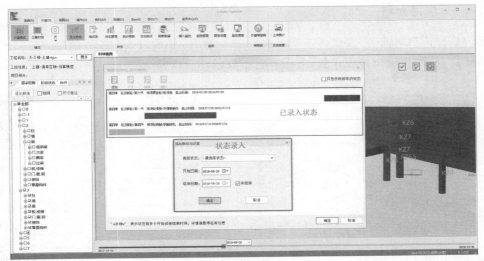

图 4.5.2　构件状态录入

5. Luban Explorer 沙盘驾驶舱

根据现场实际进度记录,定期(如一周录入一次)在鲁班浏览器—沙盘中录入实际进度。定义构件状态完毕,进入沙盘驾驶舱查看动态进度展现(见图4.5.3),构件颜色的变化体现现场施工进程,第一种颜色代表一道工序。

Luban Explorer 之沙盘驾驶舱

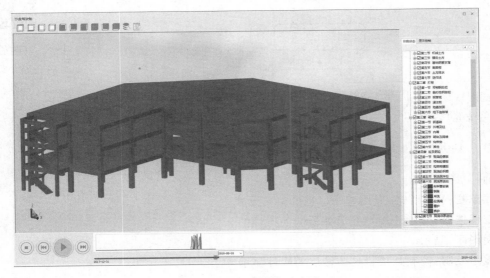

图 4.5.3　驾驶舱模型动画

4.6 管线综合调整

4.6.1 应用介绍

管线综合调整之前,需要对多专业的模型进行合并,并通过鲁班 BW 系统进行碰撞检查,出具碰撞检查报告,之后再进行管线综合调整。

4.6.2 具体流程

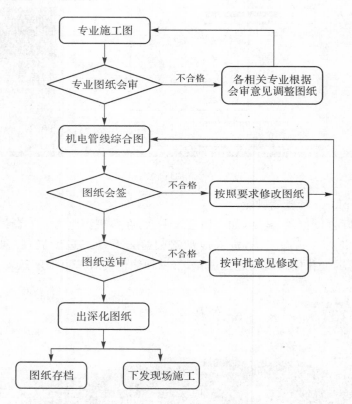

1.登录软件

打开 Luban Works 软件,输进用户名及密码,单击"登录"(见图 4.6.1),进入软件主界面(见图 4.6.2)。

菜单栏:Windows 应用程序标准的菜单形式。

工程信息:显示该用户在服务器端的工程的名称和性质。

视图区:显示 BIM。

显示控制:控制某项目具体楼层的构件显示。

图 4.6.1　登录

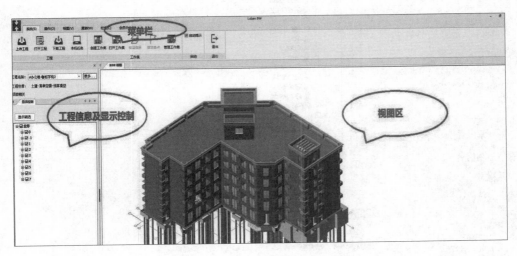

图 4.6.2　进入主界面

若想单独查看构件,可运用界面左侧的 <u>显示筛选</u> ,进行构件隐藏(见图 4.6.3)。

2.创建工作集(工程合并)

进入 Luban Works 界面,上传工程(工程为 pds 文件)后,单击"系统"下 □□,会弹出相应对话框,可创建与某一项目关联的鲁班算量、Revit 及 Tekla 模型。对工作集命名后进行项目选择,单击"确定"之后软件会自动上传到服务器(见图 4.6.4)。单击 □□ 即可找到已定义过的工作集(见图 4.6.5)。

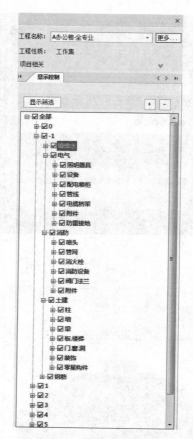

图 4.6.3　显示控制

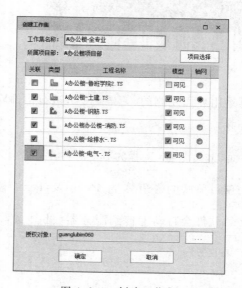

图 4.6.4　创建工作集

72

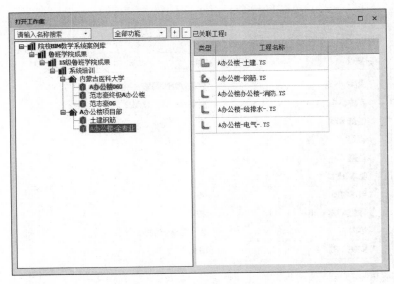

图 4.6.5　打开工作集

注:若工作集中少选了工程模型,可单击 [管理工作集] 进行添加。

3.查看构件属性

单击"操作"下 [构件信息],鼠标放在构件上左键可以参看构件的参数(构件呈红色高亮)或

直接选中构件右击查看信息(见图 4.6.6),同时在 BW 中也能看到在 BE 里设置的自定义属
性(见图 4.6.7)。

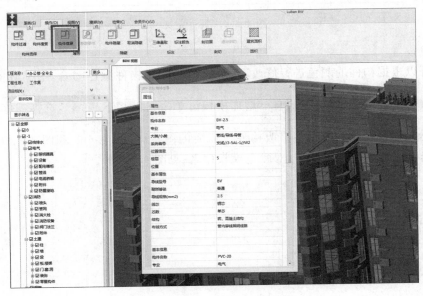

图 4.6.6　查看构件信息

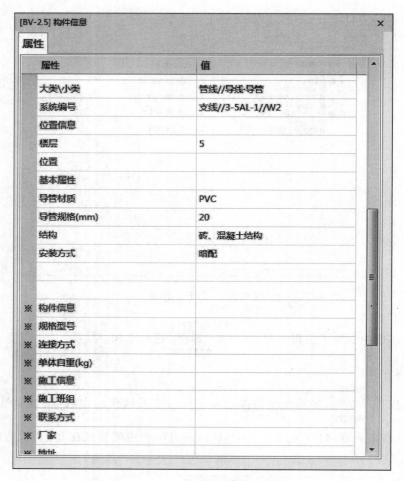

图 4.6.7 属性定义

4.颜色设置

企业可以根据构件的颜色进行修改,直至达到与现场构件颜色吻合,增加真实美观感。

在软件中自带一些模板,如果需要自己增加模板可单击"视图"下 ![颜色模板图标],选择需修改的专业和构件大类、小类,然后双击需要修改构件所需要的图片(见图 4.6.8 和图 4.6.9),所有的构件全部修改完成后单击"另存",对颜色模板命名(见图 4.6.10)。

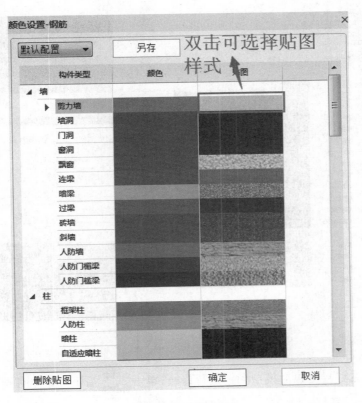

图 4.6.8　颜色设置

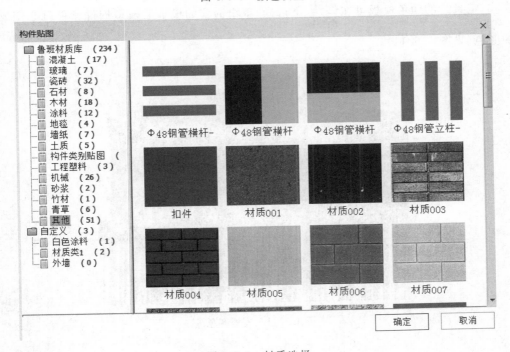

图 4.6.9　材质选择

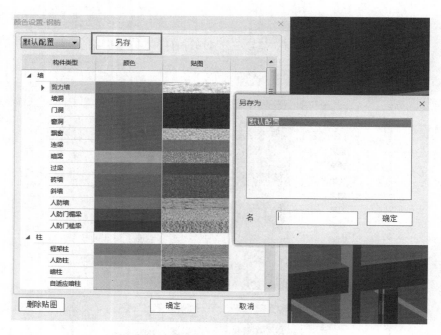

图 4.6.10　完成设置

颜色模板设置好后可以对模型颜色进行修改，单击 ![初始颜色] 后下拉菜单可选择相应三维显示模式，定义过的颜色模板可在 ![颜色模板] 下选择，单击需要的模板后模型构件颜色就会变成模板的颜色（见图 4.6.11）。

图 4.6.11　模板颜色

5.碰撞规则调整及应用

单击"检查"下 ,弹出"碰撞规则管理"对话框,可根据企业项目要求

碰撞规则

调整构件碰撞要求。例如,选择默认"鲁班基本碰撞规则"(鲁班碰撞规则不可

修改),如需修改规则可自定义"新建碰撞规则"(见图 4.6.12 至图 4.6.14)。 Luban Works

"条件筛选"能帮助用户快速定义符合条件的管道进行碰撞;"排除构件"可勾选 之碰撞检查

需要碰撞的管道大类或大类下的某一类构件;"碰撞模式"支持硬碰撞、软碰撞及间距碰撞。

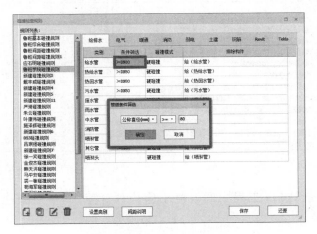

图 4.6.12　设置碰撞规则

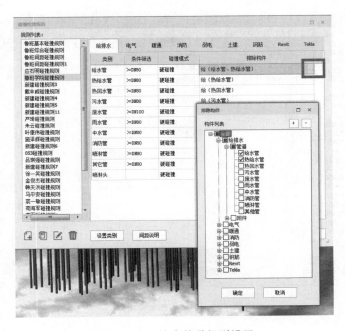

图 4.6.13　给水管道规则设置

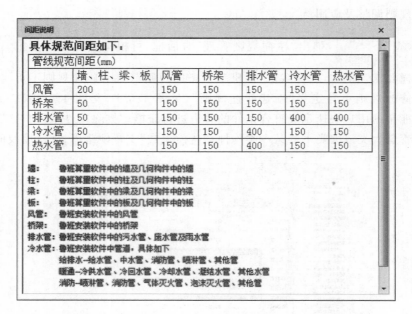

图 4.6.14　规范设置

注:BW 中也支持 Tekla 工程中的混凝土等构件碰撞,同步反查至 Tekla 软件(见图 4.6.15 和图 4.6.16)。

图 4.6.15　Tekla 硬碰撞

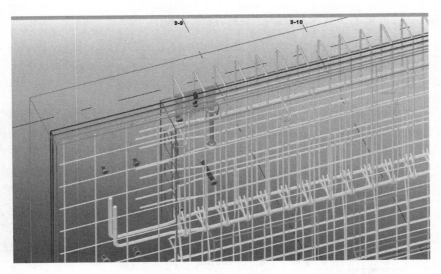

图 4.6.16　碰撞点

6. 碰撞

单击 ，弹出"碰撞检查"对话框；选择碰撞规则后，单击 碰撞 （见图 4.6.17）。

图 4.6.17　碰撞检查

待碰撞完成,可单击 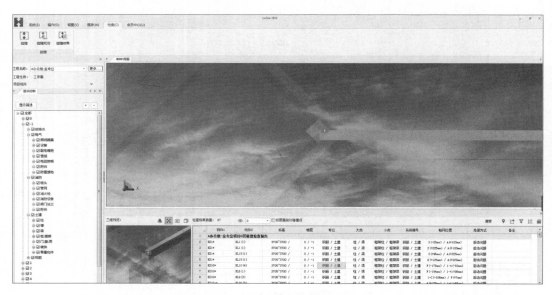 查看碰撞结果,如图 4.6.18 所示。

碰撞结果

图 4.6.18　碰撞结果显示

7. 碰撞结果查看

选择相应楼层会出现该楼层的碰撞结果,双击项目展示下任何位置都可快速定位到该碰撞点。碰撞点支持输出碰撞报告及模型反查(见图 4.6.19 和图 4.6.20)。

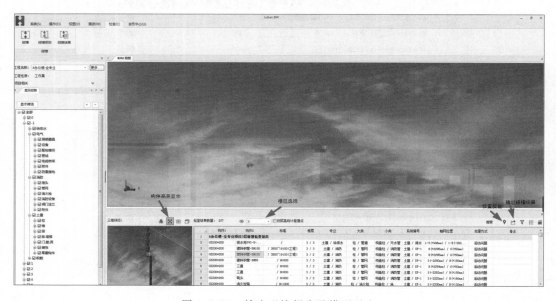

图 4.6.19　输出碰撞报告及模型反查

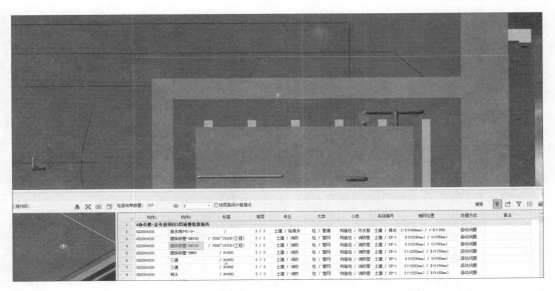

图 4.6.20　碰撞点设置

构件原色:碰撞结果反查时默认构件原色。

红色高亮:碰撞结果反查时单独红色高亮构件(见图 4.6.21)。

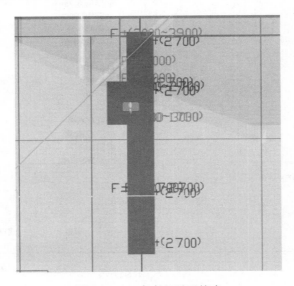

图 4.6.21　高亮显示碰撞点

8.处理方式

如果碰撞结果处需做预留洞口,碰撞类型可选为"已核准";或梁与风管碰撞,此处风管高度需下调,碰撞类型可选为"已核准"(见图 4.6.22)。

注:处理方式的分类,主要是为后续碰撞文件输出提供方便。

图 4.6.22　已核准的碰撞结果

9. 条件筛选

单击 🔻，弹出"条件筛选"对话框，可选择需要显示的类型，隐藏不需要显示的类型。如想单独显示"已核准"，在"已核准"前面打钩，单击"确定"，如图 4.6.23 所示。

图 4.6.23　条件筛选

10. 碰撞报告

单击 ↗，软件会自动根据表格内容输出碰撞检查报告，如图 4.6.24 所示。

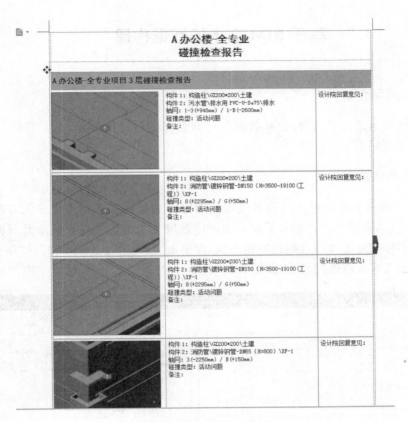

图 4.6.24　碰撞检查报告

注:如果需要单独导出某个碰撞点,可直接右击导出,如图 4.6.25 所示。

图 4.6.25　单独导出碰撞点

4.7 基于 BIM 技术的数据构建

4.7.1 应用介绍

通过前期数据录入，可以将实际数据与计划数据进行对比分析，方便后期进行纠错并发现问题。

4.7.2 具体流程

1. 在施工准备阶段已经通过鲁班进度计划将办公楼施工计划进度录入并与模型进行关联，通过鲁班浏览器—沙盘录入了实际的工序进度并与模型关联。基于此我们需要通过鲁班进度计划将实际进度与计划进度相关联，即单击"任务"—"智能操作"—"同步时间"，可进行计划进度与实际进度的对比，如图4.7.1所示。

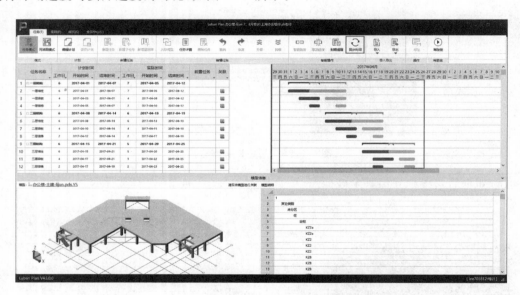

图 4.7.1 计划进度与实际进度同步

2. 打开鲁班驾驶舱，集团公司/分公司/项目为软件默认，在"企业基础数据后台"创建。选择"A 办公楼"项目，单击"创建单位"或右键选择"创建单位"即可创建单位工程；选择"A 办公楼"单位工程，单击"项目"—"BIM 模型"—"关联模型"或右键选择"关联模型"，在弹出的"关联模型"对话框中勾选"A 办公楼—土建""A 办公楼—安装"模型，如图4.7.2 所示。

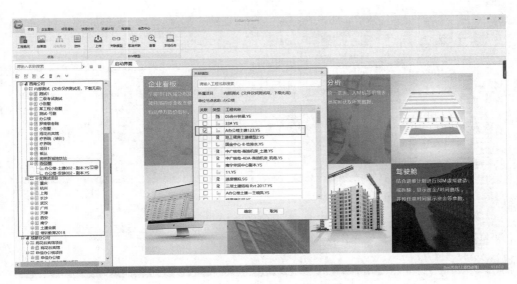

图 4.7.2　企业→项目组织结构

3. 选择"A 办公楼"单位工程，单击"项目看板"—"合同清单"，出现如图 4.7.3 所示窗口，分别导入分部分项、综合单价、单价措施、总价措施、其他项目的合同清单数据。

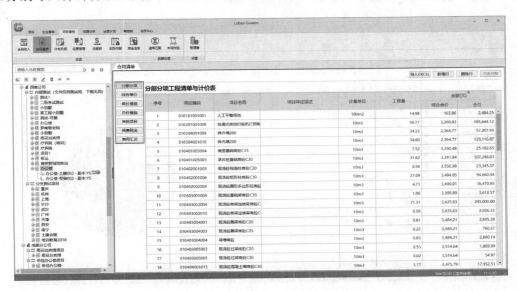

图 4.7.3　导入的合同清单数据

选择适当的计费基础并输入费率，软件可自动计算各项规费和税金。计费基础可选择"定额人工费/定额人工费＋定额机械费/分部分项工程费＋措施项目费"，如图 4.7.4 所示。或本项目不按计费基础计算规费和税金，计费基础选择空格后可在金额列直接输入该项费用金额。

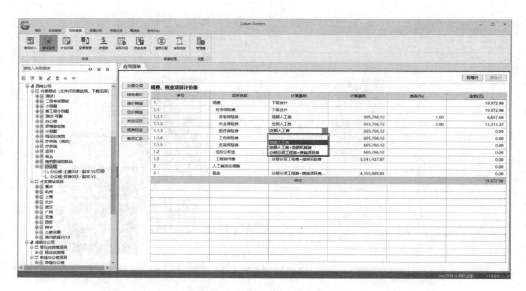

图 4.7.4　规费和税金计算设置

合同清单导入完成后，单击"合同收入"可查看"A 办公楼"单位工程各项造价汇总，饼状图显示各项造价占本单位工程总造价的比重，如图 4.7.5 所示。

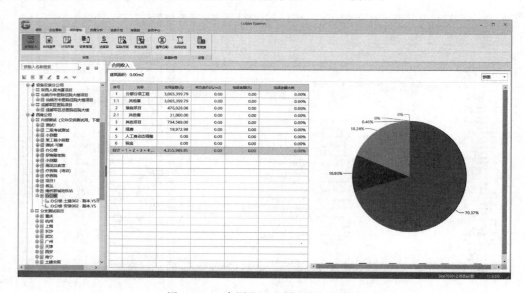

图 4.7.5　合同收入查看/饼状图分析

4. 合同清单数据导入完成后，将合同清单编码与模型清单编码进行匹配。单击"项目看板"—"数据处理"—"清单匹配"，界面进入清单匹配页面。优先使用"自动匹配"命令进行清单编码的快速匹配并单击"保存"命令，如图 4.7.6 所示。对于自动匹配错误或未匹配清单项检查，使用"手动匹配"命令完成合同清单编码与模型清单编码的匹配。切记要保存清单匹配结果。

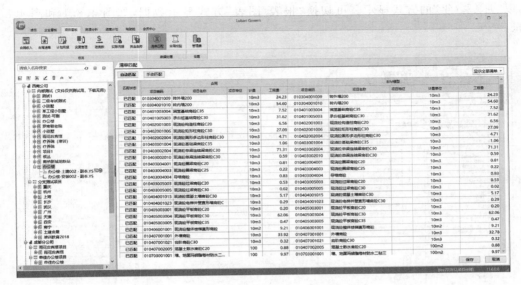

图 4.7.6 合同清单编码与模型清单编码匹配

4.8 基于 BIM 技术的动态成本分析

基于 BIM
技术的动态
成本分析

4.8.1 应用介绍

上一节我们讲了在鲁班驾驶舱中创建数据，本节主要介绍成本、资源数据的分析应用。

4.8.2 具体流程

1. 单击"计划月报""进度款""实际月报"，快速生成相应收入/成本数据报表，这些报表均与时间维度相关联。

Luban Govern
之项目看板

（1）计划月报：计划收入，合同工程量按计划进度分配生成工程量，乘以综合单价得到计划合同账款；计划成本，模型工程量按计划进度分配生成工程量，乘以综合单价得到计划成本。

（2）进度款：合同工程量按计划进度分配生成工程量，根据现场实际施工进度和情况进行调整，乘以综合单价得到实际计划合同账款。

（3）实际月报：实际收入，变更各项价款加上进度款得到项目本期实际应收账款；实际成本，录入项目从开始到当期的人、材、机成本，支持手动录入、导入 Excel 数据、读取"我的鲁班"中的消耗量数据。

（4）资金走势：汇总"计划收入/计划成本""实际收入/实际成本"以及各项造价累计数

据，以"月/季/年"的方式显示。可切换"报表/图表"方式显示数据，如图 4.8.1 和图 4.8.2 所示。

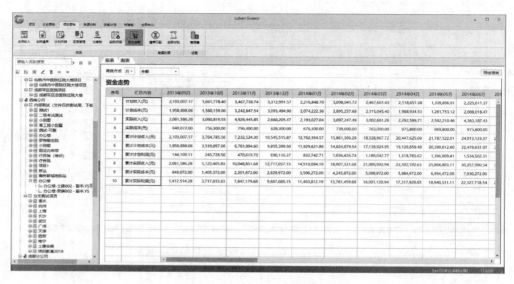

图 4.8.1　资金走势（报表）

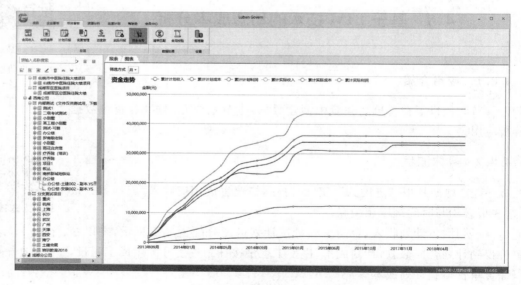

图 4.8.2　资金走势（图表）

2. 企业看板

选择"集团公司/分公司/各项目"，以不同层级显示"分公司/各项目/各单位工程"的造价汇总。如选择"A 办公楼"项目，生成报表如下：

（1）合同收入：汇总当前项目下各单位工程造价数据，包括合同金额、造价指标、完成金额。可切换"柱状图/饼状图"直观显示并比较各单位工程的造价数据，如图 4.8.3 所示。

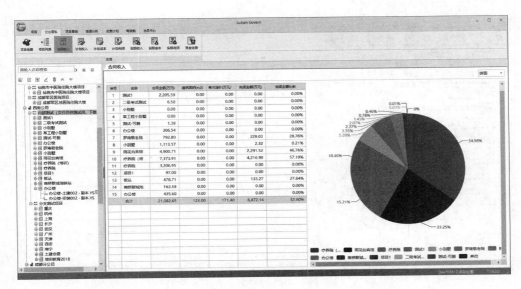

图 4.8.3　企业看板—合同收入

（2）计划收入/计划成本/计划利润，实际收入/实际成本/实际利润，汇总分析"A 办公楼"项目下各单位工程各项数据，以报表/图表方式显示。

（3）资金走势：汇总分析各单位工程"计划收入/计划成本""实际收入/实际成本"以及各项造价累计数据，以"月/季/年"的方式显示。可切换"报表/图表"方式显示数据，如图 4.8.4 和图 4.8.5 所示。

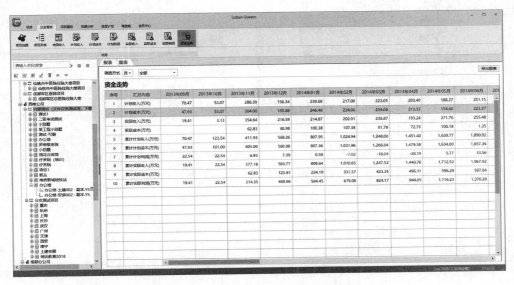

图 4.8.4　企业看板—资金走势（报表）

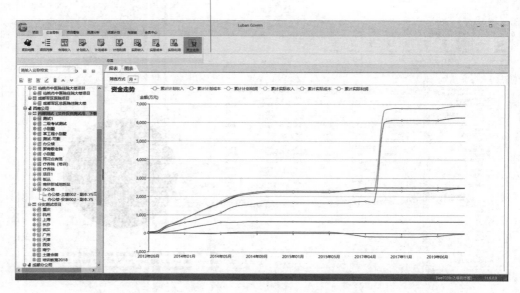

图 4.8.5 企业看板—资金走势(图表)

3. 资源分析

(1)汇总表:设置报表类型、楼层,或按条件查询费用的汇总(见图 4.8.6)。报表类型包括分部费用汇总表、工程清单汇总表(见图 4.8.7)、人材机汇总表、人工汇总表、机械汇总表、材料汇总表。

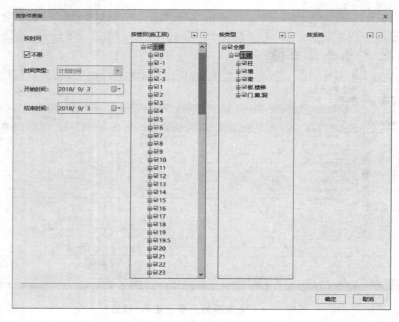

图 4.8.6 条件查询

图 4.8.7　资源分析—工程清单汇总表

（2）资源计划：设置报表类型和时间范围输出资源计划，如图 4.8.8 所示。

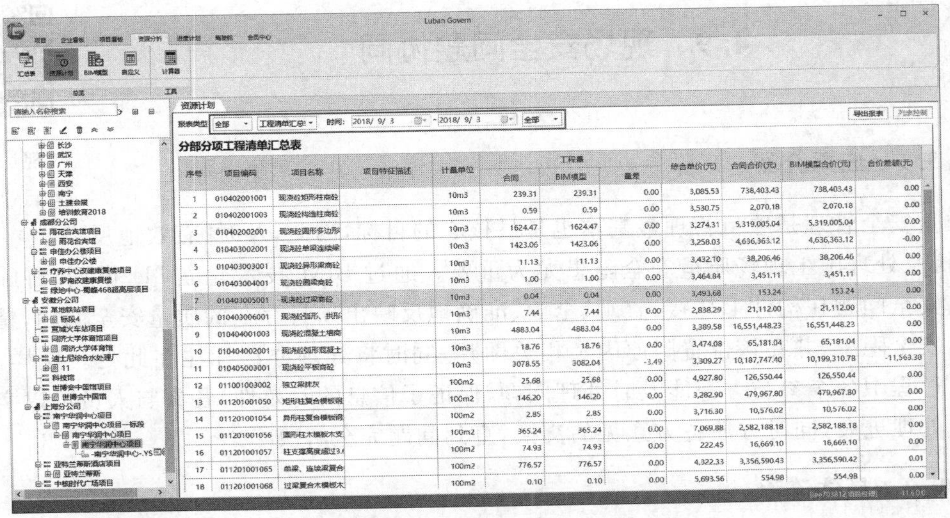

图 4.8.8　资源分析—资源计划

4. 5D BIM 模型

选择"A 办公楼"单位工程，单击"驾驶舱"→"驾驶舱"命令，软件打开驾驶舱界面，如图 4.8.9 所示，视图窗口分为三部分：进度、资金走势、动画模型。单击下方播放按钮，模型窗口显示模型动画，进度窗口任务滚动，资金随时间变化。

模型窗口时间设置选项支持"计划""实际""计划＋实际时间"选择。若选择"计划＋实际时间"，当现场实际进度比计划进度提前时，模型以绿色提示；当现场实际进度比计划进度滞后时，模型以红色显示，据此项目现场可采取措施加快施工进度以满足施工工期要求。

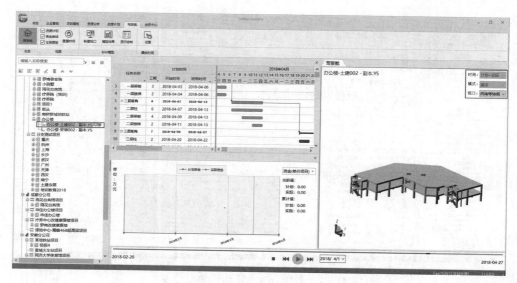

图 4.8.9 5DBIM 驾驶舱

4.9 现场安全问题协同

4.9.1 应用介绍

现场安全
问题协同

质量安全管理是项目管理最基本也是最核心的目标,因此,及时、有效地反映、分析及处理施工现场质量安全隐患尤为重要。通过 BIM 技术建立 3D 模型,将施工现场质量安全问题在构件上挂接,直观、全面、准确地反映出项目存在的质量安全问题,精准定位质量安全隐患,并在该位置附原因及相关图片,同时将处理办法标注在此处。这样,在整个施工过程中各个参与方都能及时处理问题,保证了信息的时效性,各参与人员可以实时关注问题处理进展,同时方便各方意见的交换,直到问题完全解决。

4.9.2 具体流程

1. 现场管理人员(技术员、安全员、监理等)发现现场问题,及时对现场拍照留证。照片分为两类,即质量安全等问题照片和质量安全等优秀照片。质量安全协作流程如图 4.9.1 所示。

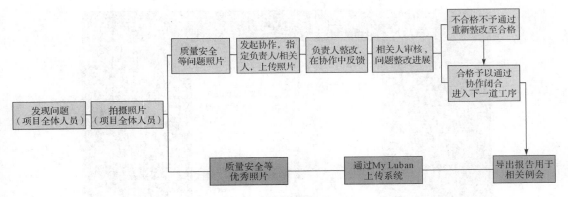

图 4.9.1　质量安全协作流程

2. 对于质量、安全等问题及时发起协作,指定责任人(楼栋、区域负责人)和相关人(项目技术负责人、项目经理等),并选择现场照片和相关关联资料完成协作创建,如图 4.9.2 和图 4.9.3 所示。

协作发起可能通过鲁班浏览器或"我的鲁班"移动端创建,使数据跨平台协同。

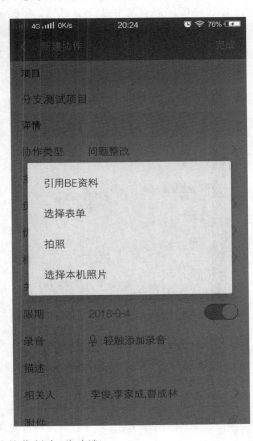

图 4.9.2　质量安全协作创建(移动端)

图 4.9.3　质量安全协作创建（PC 端）

　　当负责人查看到质量安全问题时,应及时安排作业人员对问题进行整改处理,可通过"添加更新"回复协作,拍摄现场整改结果照片并说明整改情况,如图 4.9.4 所示。相关人查看负责人对现场问题的整改是否满足技术要求,符合技术要求则结束协作,施工进入下一道工序;不符合要求则不予通过,指定负责人按整改方法整改,直到问题整改满足技术要求。

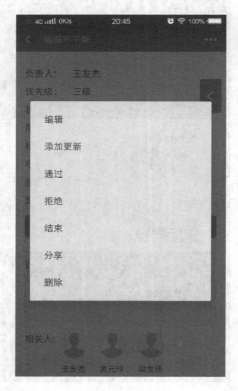

图 4.9.4　负责人添加协作更新

3. 质量安全形象良好的记录照片通过发起协作上传,在"标识"中选择"质量形象/安全形象",操作方法同第二步。

4. 打开鲁班浏览器,单击"协作"—"协作管理",打开"鲁班协同",可查看企业各项目的协作管理数据,选择一项协作可查看协作操作流程及整改进展,已完成并闭合的协作可作为质量安全记录存档,如图4.9.5所示。

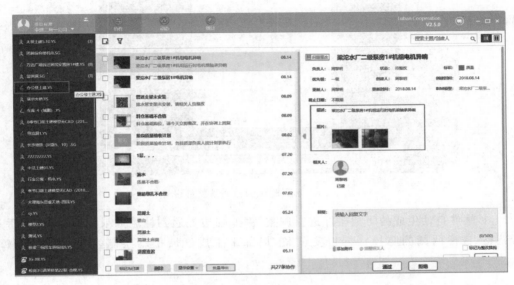

图 4.9.5 质量安全协作查询

5. 鲁班协同的协作记录可导出质量安全协作报告,用于项目生产例会。质量安全协作记录是项目全过程质量追溯的依据。

4.10 临边洞口防护栏杆

临边洞口
防护编号图

4.10.1 应用介绍

通过 BIM 技术模拟洞口、临边、楼梯安全防护栏杆,可以对防护栏杆、防护板的加工工程量进行统计;根据三维模型及平面布置图检查现场施工,确保现场的安全防护做到位,避免安全事故的发生。

4.10.2 具体流程

1. 在鲁班土建中完成主体后,单击"BIM 应用"—"一键生成防护栏杆",进入生成设置界面,如图4.10.1所示。根据施工安全规范及现场要求进行参数设置,软件可快速生成临

边洞口防护栏杆模型。

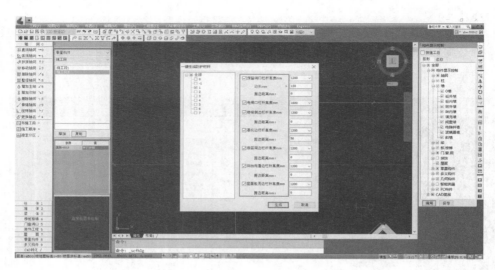

图 4.10.1 不同临边洞口防护栏杆设置

2. 对软件自动生成的防护栏杆进行调整,例如临边处遇到柱墙如果没有断开,要手动进行调整,楼梯两侧的防护栏杆也要调整,局部未生成区域手动绘制完成,如图 4.10.2 所示。

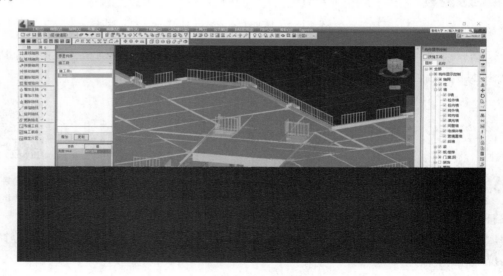

图 4.10.2 临边洞口防护栏杆调整

注:(1)需要调整布置的部位包括临边、板洞、电梯井、楼梯井;

(2)绘制中一定要到 BE 三维中查看本层与上层柱墙(备注:楼梯间要特别注意)。

3. 所有防护栏杆调整好之后,单击"BIM 应用"—"生成图纸"—"生成平面图",弹出"生成平面图"对话框(见图 4.10.3),设置图纸名称、生成范围、施工段字高,单击"生成",在建模区域空白位置放置图纸。可对生成的临边洞口图纸进行分类编号。

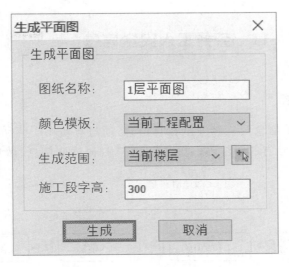

图 4.10.3　生成平面图

4. 拉框选择"临边洞口防护编号图",右键选择"带基点复制",指定插入基点;新建 CAD 文件,右键选择"粘贴"并指定"临边洞口防护编号图"的插入位置,把"临边洞口防护编号图"保存在指定文件夹,如图 4.10.4 所示。

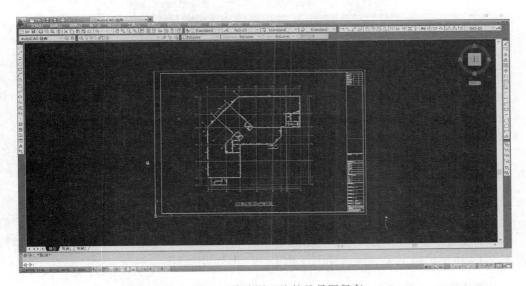

图 4.10.4　临边洞口防护编号图保存

思考题:想想是否有其他方法把"临边洞口防护编号图"输出并保存?

5. 导出土建 BIM 模型和临边洞口防护栏杆模型 pds 文件,打开鲁班浏览器,把带有防护栏杆的土建 BIM 模型上传至 BIM 平台,用于临边洞口防护做法交底、临边洞口安全教育等。

4.11 劳务工人安全信息

4.11.1 应用介绍

采集班级作业人员信息及三级安全教育信息,通过鲁班 BE 平台,将信息与系统挂接,生成端口独有的二维码;通过鲁班 BV 扫码读取信息,做到随时监控现场作业人员安全状况。

4.11.2 具体流程

创建模型 ➡ 上传至BE ➡ 录入信息 ➡ 安全帽贴二维码

1. 创建模型:按照项目现场实际劳务人员数量和班组来确定模型个数,在 Revit 软件中创建工人模型,如图 4.11.1 所示。

图 4.11.1 工人模型创建

2. 上传至 Luban Explorer:模型创建完成后,安装鲁班万通(Revit 版),输出 pds 文件,如图 4.11.2 所示。随后将 pds 文件上传至 Luban Explorer 中。

图 4.11.2 输出 pds 文件

3. 录入信息

(1)属性扩展:利用 Luban Explorer 打开工人模型,单击"操作"—"属性扩展",然后选择模型中的工人,鼠标右键"选择完成",弹出"批量扩展"面板。通过"批量扩展"面板,以单击"增加平级"与"增加子级"的方式对个人信息进行扩展,单击"确定"完成扩展,如图4.11.3 所示。

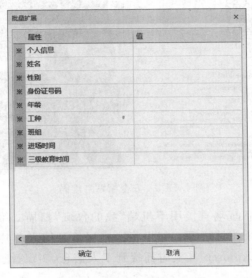

图 4.11.3 属性扩展

(2)信息录入:信息扩展完成后,单击"操作"—"属性信息"命令,进入"构件信息"面板,随后将项目劳务人员实际信息录入每个工人模型的构件信息中,如图 4.11.4 所示。

图 4.11.4 信息录入

4. 安全帽贴二维码:单击"操作"—"构件信息"—"二维码"命令,可将工人模型的二维码打印出来贴到对应人员的安全帽上,如图 4.11.5 所示。

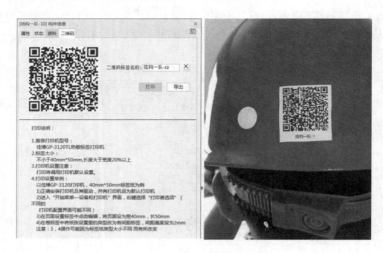

图 4.11.5　安全帽贴二维码

5. 二维码使用:在项目现场直接用手机端"我的鲁班"扫描二维码,就可以知道该人员的信息(见图 4.11.6),便于统计管理。如果将二维码信息植入芯片安装到安全帽上,则可以在鲁班浏览器(Luban Explorer)端实时捕捉到工人信息,实现智慧管理,在此不予赘述。

图 4.11.6　人员信息查询

4.12　基于 BIM 技术的资料管理

Luban Explorer
之资料
数据查询

4.12.1　应用介绍

基于 BIM 技术和云平台技术的资料管理,以三维模型为项目信息载体,实现建筑工程资料信息流程的实时监控和有效数据的筛选共享,提升建筑工程资料管理水平,提高建筑工程管理的信息化程度。

4.12.2　具体流程

1. 在建模软件中创建各专业的工程模型,并输出 pds 文件上传至 Luban Explorer 中。

2. 在项目建设过程中产生的资料主要分两种:第一种是已审批合格可直接上传的工程资料,如设计图纸等;另一种则是需要参建单位审批签字才可上传或者在 BIM 协同平台流转电子签章的工程档案资料,如设计变更、施工组织设计方案、材料设备合格证、实验检验报告、工程隐蔽验收记录等。

3. 如果是已审批合格的工程资料,即可直接上传。打开 Luban Explorer,单击"资料"—"上传资料",弹出"上传资料"面板,如图 4.12.1 所示。

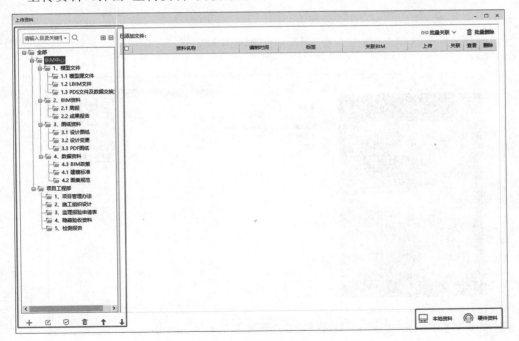

图 4.12.1　"上传资料"面板

（1）面板左侧是"资料目录"面板,在检索窗口输入目录关键字快速查找资料夹,单击"展开/收缩"按钮,设置资料列表的展开/收缩状态。在"资料目录"面板创建资料目录,单击"新增"按钮,在当前选定的资料夹处创建子级资料夹,使用这个功能可以创建多层级资料目录。

（2）对话框右侧是"资料上传"面板,单击"本地资料"可选择本地电脑中的资料上传,软件支持常见格式文件管理,如图 4.12.2 所示。单击"硬件资料"可选择本地电脑连接的高拍仪、扫描仪等设备进行资料在线上传,如图 4.12.3 所示。软件支持批量编辑、批量删除资料。

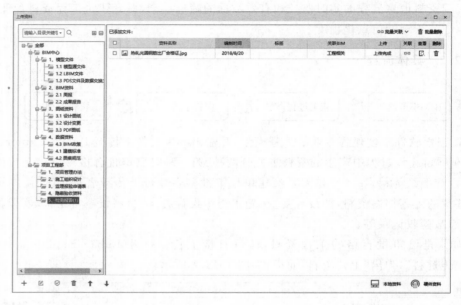

图 4.12.2　本地资料上传

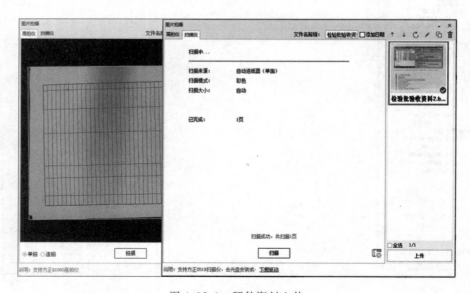

图 4.12.3　硬件资料上传

（3）资料上传后对资料进行设置。单击"关联"按钮,弹出"设置资料信息"面板,单击"关联 BIM"选项卡,设置当前资料相关性;点击"标签"选项卡,设置当前资料标签,如图 4.12.4 所示。

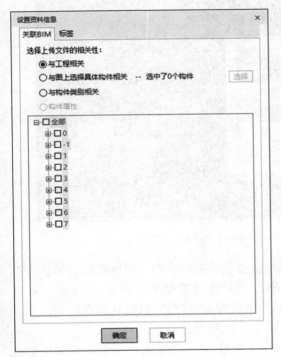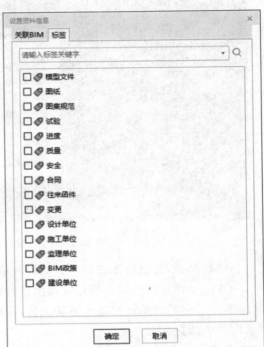

图 4.12.4 "设置资料信息"面板

4. 对于需要参建单位审批签字才可上传的工程资料,其管理流程如图 4.12.5 所示。

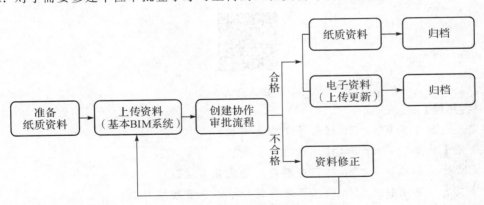

图 4.12.5 基于 BIM 的资料管理流程

（1）准备纸质资料:施工现场人员根据现场施工情况编制相关方案、审批资料等。

（2）上传资料:具体流程可参考"已审批合格的工程资料上传"。

（3）创建协作审批流程:打开 Luban Explorer,单击"协作"—"协作管理",弹出"协作管理"面板。选择创建协作类型时选择方案报审等类型,如图 4.12.6 所示。

图 4.12.6 "创建协作—类型选择"面板

(4)审批结果:通过协作流程达到对资料审批全过程的实时掌控。若协作反馈结果为不合格,则要结合建议进行资料修正后再次进行审批;若协作反馈结果为合格,则要将已审批合格并签字盖章的纸质资料进行更新上传,完成后将资料进行归档,以便日后查阅。

【内容小结】

本章详细介绍了在施工过程中 BIM 技术的实际应用,通过鲁班系统平台实现项目智能化管理,提高项目的经济效益、管理效益等。

【在线测试】

在线测试

【内容拓展】

1. 完成大连某项目 4#5#楼脚手架方案模拟。

2. 完成大连某项目 4#5#楼构造柱平面定位。

3. 完成大连某项目 4#5#楼门窗洞口过梁优化方案。

4. 完成大连某项目 4#5#楼实际进度计划录入并管理项目。

5. 完成大连某项目 4#5#楼现场质量安全问题协同。

第5章　BIM技术在竣工阶段的应用

【学习目标】
1. 明确 BIM 技术在竣工阶段的具体应用；
2. 掌握竣工阶段 BIM 技术的操作方法。

【任务导引】
BIM 技术在竣工阶段的应用主要是工程档案资料的录入以及对 BIM 模型的更新及维护。通过本章的学习，要掌握具体应用的内容及具体操作流程。

任务分解：
1. 完成 A 办公楼项目工程档案资料的录入；
2. 完成 A 办公楼项目 BIM 模型的更新及维护。

5.1　工程档案资料录入

Luban Explorer
之报表
数据查询

5.1.1　应用介绍

工程档案资料作为项目建设管理工作的重要组成部分，利用云平台、云计算等将工程档案资料分门别类进行整理录入，并与 BIM 模型构件一一对应，做到信息可追溯、资料可共享。相比传统工程档案资料整理（见图5.1.1），BIM 技术使工程档案资料完全信息化。

5.1.2　具体流程

1. 施工资料分类管理：将所有文档、图像、视频等合格的工程资料按照《建设工程文件归档整理规范》等规范及当地城市建设档案馆要求进行有序分类整理。

2. 资料录入与竣工模型挂接：将已分类整理的资料通过 Luban Explorer 上传至 BIM 系统，并与竣工模型构件相关联，其具体操作流程可参考 4.12 节"基于 BIM 技术的资料管理"，录入完成后形成信息化的工程档案资料库。

图 5.1.1　传统工程档案资料整理

3. 资料管理：通过对工程档案资料的录入和 BIM 竣工模型挂接，实现了建筑信息化，为后期的运维管理提供基础、准确的资料。打开 Luban Explorer，单击"资料"—"资料管理"，在"资料管理"界面进行工程档案资料的快速查阅，如图 5.1.2 所示。可通过左侧面板中的搜索栏快速搜索需要的资料文件夹或者资料文件，也可通过其资料文件上传的特征进行筛选，如关联的 BIM 模型、标签，等等。

图 5.1.2　资料管理

4. 建造阶段已经采用 BIM 协同管理平台进行项目全过程 BIM 应用的工程，未来可以直接从施工模型导入与运维工作有关的资料，快速建立竣工模型和竣工档案。

5.2 维护和更新 BIM 模型

Luban Explorer
之模型
数据查询

5.2.1 应用介绍

　　BIM 模型与工程项目建设密不可分,做好每个阶段的 BIM 模型维护与更新有助于建立更精准的 BIM 数据库,指导工程项目的实际施工和运营维护,提高综合管理水平,实现经济效益最大化。

5.2.2 具体流程

　　BIM 模型的维护和更新主要分为三个时期,依据每个时期的情况对 BIM 模型进行维护和更新。前期主要是依据设计图纸建立 BIM 模型,记录图纸问题;中期主要是核对实施过程中的图纸变更、施工方案变动、设计图纸调整等;后期主要是建立完整 BIM 模型,保证 BIM 模型与现场施工建筑保持一致,同时完成对运维设备构件的完善与设备运维资料库的建立,如图 5.2.1 所示。

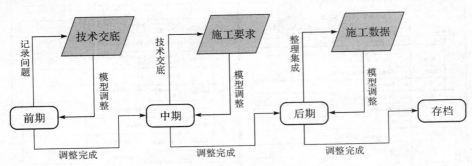

图 5.2.1　BIM 模型维护流程

　　1. 模型调整需求

　　各时期模型调整前,需要提前形成调整依据,以便于正确地沟通调整。模型调整需求在前期可以是图纸问题、碰撞问题等,如图 5.2.2 所示;在中期是施工模拟方案、施工段划分等;在后期是竣工资料录入、机电设备补充等。

　　2. 模型调整沟通

　　各阶段的 BIM 模型包含了大量的信息资料,所以在各个阶段施工前都务必要与需求人员进行及时沟通。一般的沟通内容包括但不局限于:BIM 模型为什么调整,怎样调整,调整依据如何等。沟通后形成调整意见,最终结果文件进行签署留存。如图 5.2.3 所示为解决前期的图纸、碰撞问题的图纸会审、设计交底记录。

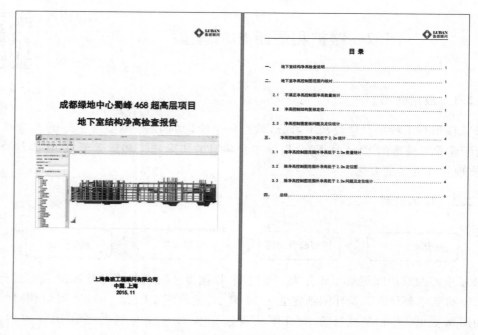

成都绿地中心蜀峰 468 超高层项目

地下室结构净高检查报告

上海鲁班工程顾问有限公司

中国. 上海

2015. 11

目 录

图 5.2.2 碰撞检查报告

图纸会审、设计交底记录

2015 年 9 月 14 日　　编号：LD001

工程名称	绿地中心蜀峰 468 项目	日　期	2015 年 9 月 14 日	共 10 页
专业名称	机电专业	会审地点		

给排水

序号	图纸编号	提 出 问 题	会 审 结 果
1	公共部分	缺少冷却水补水池、冷却少补水机房详图	
2	公共部分	缺少水泵房详图、水箱详图	
3	公共部分	缺少雨水收集机房、雨水收集池详图	
4	公共部分	缺少热交换机房详图	
5	公共部分	缺少污水提升间详图	
6	公共部分	缺少厨房、加工区等房间详图	
7	公共部分	缺少卫生间详图	
8	P-0-11-01	无中水管材质	
9	P-0-11-03	18/F 轴处上下楼层立管位置不对应	
10	P-0-11-01	Q-R/2-3 轴处，GR 管平面图和系统图管径不一致	
11	P-0-11-04	Q-R/4-5 轴处，GR 管平面图和系统图管径不一致	
12	P-01-12-08	系统图上 DD-B4F01-03 集水坑，立管出现两个系统（DDPW/GRPW）	
13	P-0-11-01	D-E/11-12 轴，污水泵出来的主管系统图和平面图管径不一致	
14	P-0-11-01	F-G/11-12 轴，立管发生偏移，系统图和平面图对应的楼层不一样	
15	P-0-11-01	P-Q/24-25Z 轴，平面图和系统图 GR 管径不一致	
16	P-0-11-01	H-J/19-20 轴，DD-B4F04-03 平面图和系统图泵数不一致	
17	P-0-11-01	D-E/23 轴，GDPW 平面图和系统图管径不一致	
18	P-0-11-01	Q/8-9 轴，DDT2-01、FDT2-01、DDT2-02 三根立管缺标高（无系统图）	
19	P-0-11-03	J-K/18 轴，PR 管径标注错误	
20	P-0-12-08	P-N/21-22 轴，GD 管系统图和平面图管径不一致	
21	P-0-11-06	F-G/21-22 轴，DD 管和上游系统不符	
22	P-0-11-06	F-G/21-22 轴，SW 管和上游管系统不符	
23	P-0-11-06	F-G/21-22 轴，GR 管和上游管系统不符	

消防专业

序号	图纸编号	提 出 问 题	会 审 结 果
1	P-0-21-03	缺少消防泵房大样图；	
2	P-0-21-01	E-F/23-24 轴，消火栓箱处缺少与消防管相连接的管线； D-E/1-2 轴，消火栓箱处缺少和消防管相连接的管线；	
3	P-0-21-01	A-B/17-18 轴位置“接 B3 车道”与 B3 层消防平面图 A-B/18-19 轴位置“接 B4 车道”位置不符；	
4	P-0-21-03	L-K/16-17 轴，消火栓箱处缺少和消防管相连接的管线； N-L/22-23 轴，消火栓箱处缺少和消防管相连接的管线；	
5	P-0-21-03	缺少地下二层泵房到地下一夹层，地下大堂层的喷淋供水管位置和走向	
6	P-01-21-05.1	A-B/17-18 轴位置标注“接 BIM 层喷淋管道”，但在 BIM 层缺少与之对应的管道	

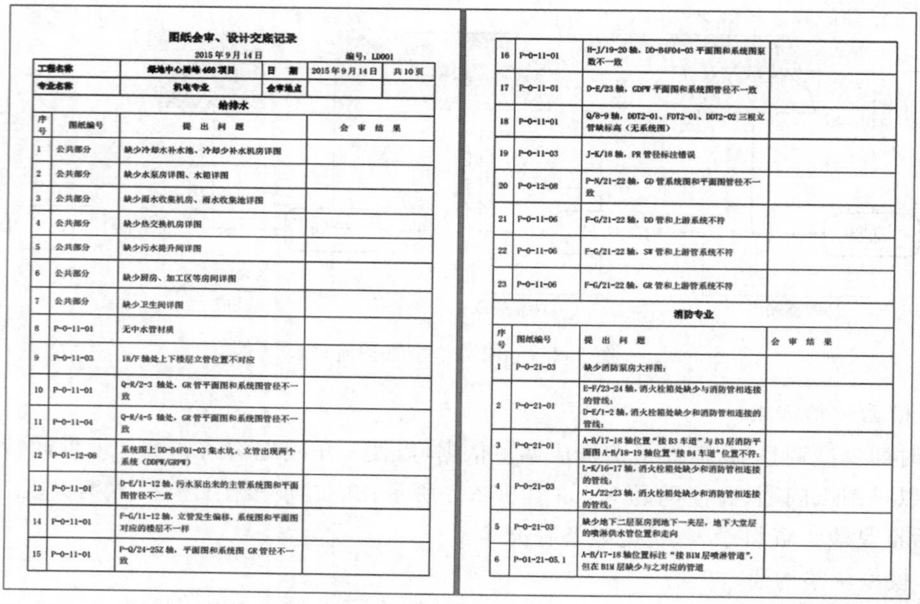

图 5.2.3 图纸会审、设计交底记录

3. 模型调整

根据模型调整意见，由专业 BIM 工程师在建模软件中进行调整，调整完成后对调整前后的 BIM 模型进行差异分析，形成分析报告，报告内容主要包括模型调整前后的对比记录、工程量对比等,如图 5.2.4 所示。

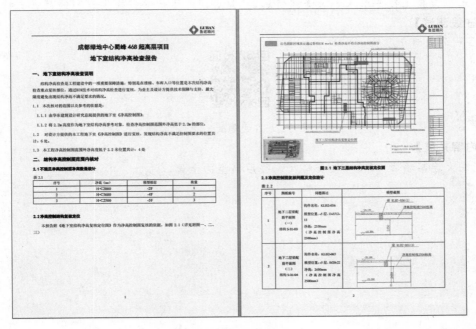

图 5.2.4 分析报告

4. 模型上传

在建模软件中调整完成后的 BIM 模型即可输出 pds 文件,并上传至 Luban Explorer 中及时更新,如图 5.2.5 所示。在前期的及时更新是通过三维模拟将施工会遇到的问题提前解决;在中期的及时更新是使得模型与现场不断磨合,保持高度一致;在后期是为运营维护提供有利的数据支持。

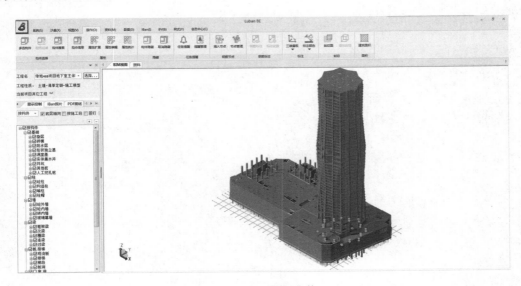

图 5.2.5 模型上传

【内容小结】

竣工后模型上传并录入系统资源信息,可为后期的运营维护提供有利的数据支持。

【在线测试】

在线测试

【内容拓展】

完成大连某项目 4#5# 楼资料及调整后模型的上传。

第6章　BIM 技术在运维阶段的应用

【学习目标】

1. 明确 BIM 技术在运维阶段的具体应用；
2. 掌握运维阶段 BIM 技术的操作方法。

【任务导引】

BIM 技术在运维阶段的应用主要是工程资料信息的快速查询以及设备养护和更换提醒。通过本章的学习，要掌握运维阶段应用的内容及具体操作流程。

任务分解：

1. 完成 A 办公楼项目工程档案资料的快速查询；
2. 完成 A 办公楼项目的设备养护和更换提醒。

6.1　工程资料信息快速查询

6.1.1　应用介绍

建筑行业是一个信息数据综合性极强的行业，在工程设计、施工阶段，将工程资料信息进行数据集成后，利用 Luban Explorer 客户端软件快速查阅数据、获取数据、分析数据，可为运维阶段提供强有力的数据支持，实现一模多用，数据共享。

6.1.2　具体流程

竣工BIM模型上传 ➡ 资料检索 ➡ 定位反查 ➡ 资料查阅

1. 竣工 BIM 模型上传

打开 Luban Explorer 客户端软件，选择打开该工程的竣工 BIM 模型，如图 6.1.1 所示。

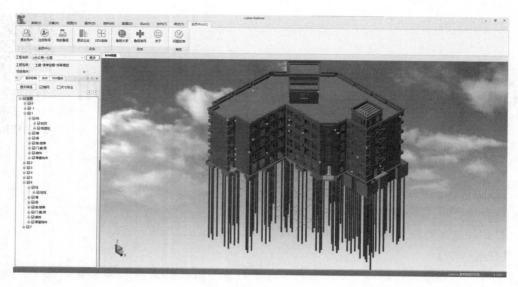

图 6.1.1　打开工程

2. 资料检索与定位反查

确定资料需求,进行快速检索,检索方式主要分为以下两种:

(1)构件搜索:单击"操作"—"构件搜索",弹出"构件搜索"面板,构件搜索的形式分为按构件名称、按属性名称、按属性值。如图 6.1.2 所示,"KZ5"为构件名称,"施工班组"为属性名称,"施工班组 2"为属性值。即可通过构件搜索对构建进行具体定位,随后查看与该构件所有相关的信息,如图 6.1.3 所示。

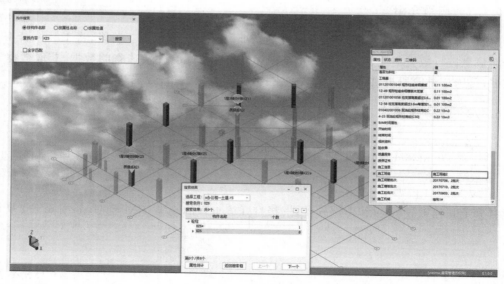

图 6.1.2　构件搜索

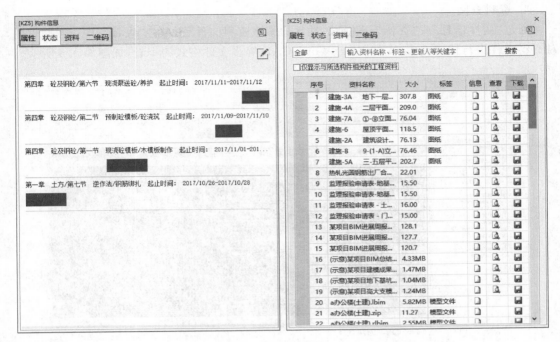

图 6.1.3　构件信息

（2）资料查询：单击"资料"—"资料管理"，弹出"资料管理"面板，通过对资料文件夹或资料文件进行搜索，可针对性地查看资料信息，如图 6.1.4 所示。双击"反查"，即可定位至与该资料所关联的构件信息，随后通过查看该构件的属性信息来查看该构件的所有工程信息。

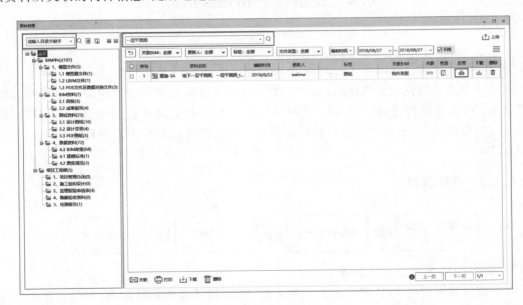

图 6.1.4　资料管理

3. 资料查阅

通过"属性信息"或"资料管理"针对性地检索出资料文件后，单击"查看"，即可在软件内对资料文件进行快速查看，支持 PDF、Word、CAD 等多文件格式的查看，如图 6.1.5 所示。

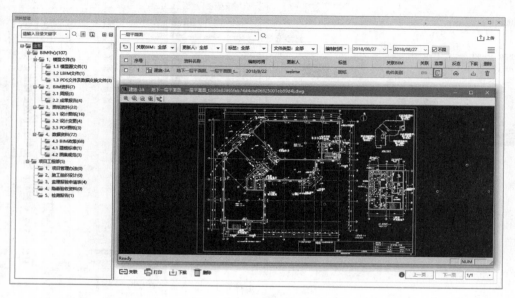

图 6.1.5　资料查阅

6.2　设备养护和更换提醒

6.2.1　应用介绍

建筑物在漫长的营运使用期间，其结构体与内部设备皆各有其耐用年限。传统的运维是通过 Excel 表格进行查询记录，缺乏及时性与直观性。运维 BIM 模型允许业主管理团队分析现有的空间设备，妥善管理客户的变动信息。空间管理和追踪是记录模型信息的一种应用。

6.2.2　具体流程

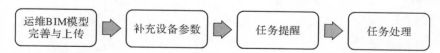

1. 运维 BIM 模型完善与上传

在各建模软件中对 BIM 模型进行完善更新，保证 BIM 模型的精度度，然后通过 Luban Explorer 进行上传，如图 6.2.1 所示。

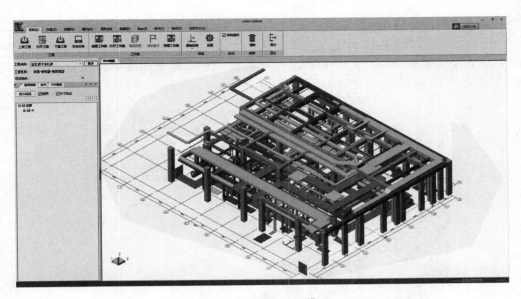

图 6.2.1　运维 BIM 模型

2. 补充设备参数

及时将运维设备构件信息进行录入，通过 Luban Explorer 打开运维 BIM 模型，单击"操作"—"属性扩展"，然后选择"运维设备"构件，鼠标右击"选择完成"，弹出"批量扩展"面板。通过"批量扩展"面板，单击以"增加平级"与"增加子级"的方式对设备信息进行扩展，如图 6.2.2 所示，单击"确定"完成扩展。

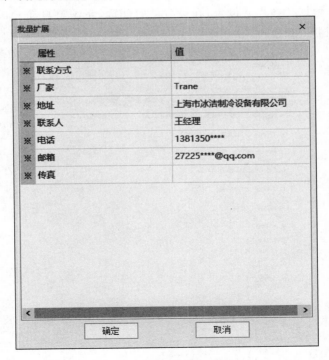

属性	值
※ 联系方式	
※ 厂家	Trane
※ 地址	上海市冰洁制冷设备有限公司
※ 联系人	王经理
※ 电话	1381350****
※ 邮箱	27225****@qq.com
※ 传真	

图 6.2.2　补充设备参数

3. 任务提醒

（1）任务提醒设置：单击"操作"—"任务提醒"命令，选择三维模型上需要维护的设备或者构件，右击完成选择，弹出"任务提醒定义"对话框。按照"任务提醒定义"对话框进行内容补充，完成后单击"确定"完成任务提醒设置，如图 6.2.3 所示。

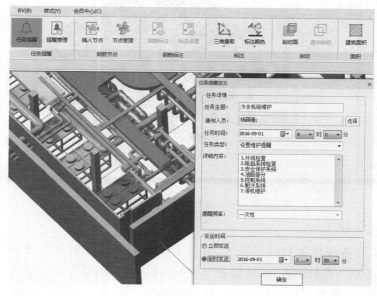

图 6.2.3　任务提醒设置

（2）任务提醒：根据任务提醒设置，在设置的时间内，系统将自动发送邮件至通知人员的邮箱，提醒设备维护，如图 6.2.4 所示。

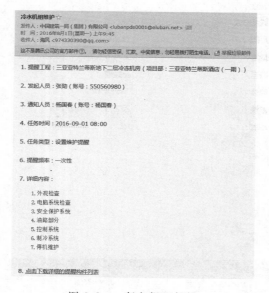

图 6.2.4　任务提醒邮件

4. 任务处理

维护实施人员在收到任务提醒邮件后,可通过 Luban Explorer 打开运维 BIM 模型,单击"操作"—"提醒管理",在"提醒管理"面板中查看任务列表,如图 6.2.5 所示。故可直接"反查"相应提醒任务的设备,并根据反查结果,快速定位设备的位置,如图 6.2.6 所示。提取设备信息进行维护或更换。

图 6.2.5　任务提醒列表

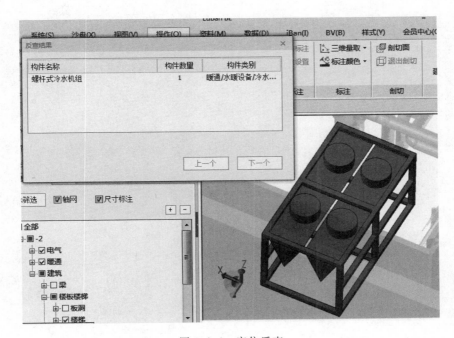

图 6.2.6　定位反查

【内容小结】

BIM 模型在运维阶段的应用可以通过工程资料信息快速查找具体位置,方便设备养护及更换。

【在线测试】

在线测试

【内容拓展】

针对大连某项目 4#5# 楼讨论 BIM 技术在运维阶段的具体应用。

第7章　BIM 技术在施工中的岗位应用

【学习目标】
1. 明确 BIM 技术在具体岗位中的应用；
2. 掌握不同岗位 BIM 技术实施中的具体职责。

【任务导引】
　　前面章节介绍了 BIM 技术在不同施工过程中的具体应用内容，本章结合现场不同工作岗位 BIM 技术的工作内容展开讲解，方便学生对工作岗位的工作性质、工作重点、BIM 工作要点进行归纳，为今后的职业岗位工作奠定基础。

7.1　BIM 技术应用之造价员

　　造价管理对于一个施工单位或项目来说都是很头疼的问题，那么鲁班 BIM 技术在造价管理方面有哪些特性呢？本节重点学习鲁班软件基于 BIM 的造价全过程管理解决方案的原理、实现技术和应用方法，全面提升项目全过程造价管理水平。

　　1. 使用鲁班 BIM 技术之前：传统造价模式存在与市场脱节、二次调价不精确等问题。

　　传统定额计价模式既不能及时反映市场价格的变化，更不能反映企业的施工技术和管理水平，影响了发包人投资的积极性，剥夺了承包人生产经营的自主权。

　　投标人在编制投标报价时难以根据企业自身的实际情况、市场价格信息等各种因素自主定价。它将工程实体消耗与施工措施性消耗捆在一起，使技术装备、施工手段、管理水平等本属于竞争机制的个体因素固定化了，不利于承包人优势的发挥，难以确定个体成本价。

　　2. 使用鲁班 BIM 技术之后：鲁班 BIM 实现数据共享与协同。

　　(1)鲁班 BIM 数据库的时效性

　　鲁班 BIM 的技术核心是一个由计算机三维模型所形成得出的数据库，数据库信息在建筑全寿命过程中是动态变化的，随着工程施工及市场变化，相关责任人员会调整鲁班 BIM 系统中的数据，所有参与者均可共享更新后的数据。在项目全寿命过程中，可将项目从投资策划、项目设计、工程开工到竣工的全部相关造价数据资料存储在基于鲁班 BIM 系统的后台服务器中。无论是在施工过程中还是工程竣工后，所有的相关数据都可以根据需要进行参数设定，从而得到某一方所需要的相应的工程基础数据。鲁班 BIM 系统这种富有时效性的共享的数据平台，改善了沟通方式，使拟建项目工程管理人员及后期项目造价人员及时、有效、准确地筛选和调用工程基础数据成为可能。这种时效性，提高了造价人员所依赖的造价基础数据的准确性，从而提高了工程造价的管理水平。

（2）鲁班 BIM 形象的资源计划功能

鲁班 BIM 模型提供的数据库，有利于项目管理者合理安排资金计划、进度计划等资源计划。具体地说，使用鲁班 BIM 软件快速建立项目的三维模型，利用鲁班 BIM 数据库和模型内各构件时间信息，通过自动化算量功能计算出实体工程量后，我们就可以对数据模型按照任意时间段、任一分部分项工程细分其工作量，也可以细分某一分部工程所需的时间；也可结合鲁班 BIM 数据库中的人工、材料、机械等价格信息，分析任意部位、任何时间段的造价，由此快速地制订项目的进度计划、资金计划等资源计划，合理调配资源，并及时准确掌控工程成本，高效地进行成本分析及进度分析，从项目整体上提高了项目的管理水平。

（3）造价数据的积累与共享

有了鲁班 BIM 技术，便可以让工程数据形成带有 BIM 参数的电子资料，并便捷地进行存储，同时可以准确地调用、分析，利于数据共享和经验借鉴。BIM 数据库的建立是基于对历史项目数据及市场信息的积累，有助于施工企业高效利用工作人员根据相关标准、经验及规划资料建立的拟建项目信息模型，快速生成业主方需要的各种进度报表、结算单、资金计划，避免施工单位每月都花大量时间核实这些数据。建立企业自己的 BIM 数据库、造价指标库，还可以为同类工程提供对比指标，在编制新项目的投标文件时便捷、准确地进行报价，避免企业造价专业人员流动带来的重复劳动和人工费用增加；在项目建设过程中，施工单位也可以利用 BIM 技术按某时间、某工序、特定区域输出相关工程造价，做到精细化管理。正是 BIM 这种统一的项目信息存储平台，实现了经验、信息的积累、共享及管理的高效率。

（4）项目的 BIM 模拟决策

鲁班 BIM 数据模型的建立，结合可视化技术、模拟建设等 BIM 软件功能，为项目的模拟决策提供了基础。在项目投资决策阶段，根据 BIM 模型数据，可以调用与拟建项目相似的工程的造价数据，如该地区的人、材、机价格等，也可以输出已完成的类似工程每平方米的造价，高效准确地估算出规划项目的总投资额，为投资决策提供准确依据。施工中，材料费用通常占预算费用的 70%，占直接费的 80%，比重大。因此，如何有效地控制材料消耗是施工成本控制的关键。目前，施工管理中的限额领料流程、手续等制度虽然健全，但是效果并不理想，原因就在于配发材料时，由于时间有限及参考数据查询困难，审核人员无法判断报送的领料单上的每项工作消耗的数量是否合理，只能凭主观经验和少量数据大概估计。随着 BIM 技术的成熟，审核人员可以通过 Luban Govern 系统客户端框图出价、框图出量等功能快速分析预算数据，利用 BIM 的多维度、结构化特性，快速、准确地拆分、汇总并输出任一细部工作的消耗量数据，真正实现了限额领料的初衷。

（5）BIM 的不同维度多算对比

造价管理中的多算对比对于及时发现问题并纠偏、降低工程费用至关重要。多算对比通常从时间、工序、空间三个维度进行分析对比，只分析一个维度可能发现不了问题。比如某项目上月完成 500 万元产值，实际成本 450 万，总体效益良好，但很有可能某个子项工序预算为 90 万，实际成本却有 100 万。这就要求我们不仅能分析一个时间段的费用，还要能够将项目实际发生的成本拆分到每个工序中；又因项目经常按施工段、区域施工或分包，这又要求我们能按空间区域统计、分析相关成本要素。从这三个维度进行统计并分析成本情况，需要拆分、汇总大量实物消耗量和造价数据，仅靠造价人员人工计算是难以完成的。要实现快速、精准的多维度多算对比，只有基于鲁班 BIM 协同平台，使用鲁班 BIM 相关软件才可以实现。另外，可以对 BIM 3D 模型各构件进行统一编码并赋予工序、时间、空间等信息，在数据库的支持下，以最少的时间实现 4D、5D 任意条件的统计、拆分和分析，保证了多维度成本分析的高效性和精准性。

7.2　BIM 技术应用之施工员

施工企业要走出一条管理模式合理、产业不断升级的发展之路，需要结合实际项目，加强鲁班 BIM 技术在项目中的应用和推广。企业要结合自身条件和需求，遵循规范、合理的实施方法和步骤，做好 BIM 技术的项目实施工作，通过积极的项目实践，不断积累经验，建立一批 BIM 技术应用标杆项目，充分发挥鲁班 BIM 技术在项目管理中的价值。

1. 使用鲁班 BIM 技术之前

（1）建筑施工多为高处作业、露天作业和立体交叉作业，施工环境条件相对恶劣，建筑工程的结构复杂、工期相对紧迫，需要建设单位、设计单位和施工单位等多个单位、多个工种相互配合并进行立体交叉作业，这些也决定了建筑施工极具危险性。

（2）当前，建筑施工行业依然属于劳动密集型产业，手工劳动操作仍为目前建筑行业所采取的主要作业方式，繁重的体力劳动操作极易让人产生疲劳而导致注意力分散，操作失误也因此增多，致使建筑施工安全事故增加。

（3）目前，我国建筑施工过程中的一线作业人员多为来自贫困山区的农民工，并且临时员工很多，整体的文化素质普遍不高，安全防护意识非常淡薄，仅把施工前的安全教育培训看作走过场，缺乏应有的施工安全操作知识和技能，在建筑施工过程中，经常会出现无证操作、跨专业操作、不戴安全帽和不系安全带等一系列违规现象，而且随自己主观意识随意性出入建筑施工的安全防护区。这些因素给建筑施工安全管理造成极大不便，埋下了极大的施工安全隐患。

（4）当下，我国建筑物为追逐眼球效应，不断向着"高、大、奇"方向发展。但是，在建筑施工过程中，相关安全管理人员的综合素质普遍不高，专业的安全技术管理人员相对较少，施工人员只凭以往的施工经验和传统施工技术进行建筑施工，缺乏对建筑施工安全生产技术的认知和更新，并且，对建筑施工中相关的法律法规缺乏了解，对建筑施工的标准和规范也不甚明了，无法掌握最新的安全技术法规和标准。这些因素使得建筑施工过程中安全管理技术不到位，安全监督常常也只是草草了事，并没有认真履行其应发挥的职责作用，致使安全管理工作上下脱节，无法落实安全管理技术措施，从而使得建筑施工现场的安全事故频发。

（5）相当大一部分的监理单位和监理人员的工作态度消极低迷，尚未熟练掌握相关施工安全生产的法律法规，也没有严格遵循建设工程安全生产管理条例的相关规定，履行其安全监管职责,对建筑施工安全管理的认识不全面,对建筑施工过程的安全监管工作不到位,忽视了建筑施工过程中的安全管理问题,无法主动开展施工过程中的有效安全监理工作,即使发现了施工过程中的安全隐患问题,也没有按照规定对违法违规行为进行合理处罚,无法及时督促建筑施工单位进行适时整改,从而导致监理单位有法不依、执法不严、形同虚设,无法发挥其应有的作用。

2. 使用鲁班 BIM 技术之后

(1)安装管线优化

在一些大型建筑工程项目中,由于空间布局复杂、系统繁多,对设备管线的布置要求高,设备管线之间或管线与结构构件之间容易发生碰撞,给施工造成困难,无法满足建筑室内净高,造成二次施工,增加项目成本。基于鲁班 BIM 技术可将建筑、结构、机电等专业模型整合,再根据各专业要求及净高要求将综合模型导入 Luban Works 软件进行碰撞检查,根据碰撞报告结果对管线进行调整、避让,对设备和管线进行综合布置,从而在实际工程开始前发现问题。

(2)多专业协调

各专业分包之间的组织协调是建筑工程施工顺利实施的关键,是加快施工进度的保障,其重要性毋庸置疑。目前,暖通、给排水、消防、强弱电等各专业由于受施工现场、专业协调、技术差异等因素的影响,缺乏协调配合,不可避免地存在很多局部的、隐性的、难以预见的问题,容易造成各专业在建筑某些平面、立面位置上产生交叉、重叠,无法按施工图作业。通过 BIM 技术的可视化、参数化、智能化特性,进行多专业碰撞检查、净高控制检查和精确预留洞口及预埋,或者利用基于鲁班 BIM 技术的 4D 施工管理,对施工过程进行预模拟,根据问题进行各专业的事先协调等措施,可以减少因技术错误和沟通错误带来的协调问题,大大减少返工,节约施工成本。

(3)场地布置优化

随着建筑业的发展,对项目的组织架构协调要求越来越高,项目周边环境的复杂往往会带来场地狭小、基坑深度大、周边建筑物距离近、绿色施工和安全文明施工要求高等问题,并且加上有时施工现场作业面大,各个分区施工存在高低差,现场复杂多变,容易造成现场平面布置不断变化,且变化的频率越来越高,给项目现场合理布置带来困难。鲁班 BIM 技术的出现给平面布置工作提供了一个很好的方式,通过应用工程现场设备设施族资源,在创建好工程场地模型与建筑模型后,将工程周边及现场的实际环境以数据信息的方式挂接到模型中,建立三维的现场场地布置模型,并通过参照工程进度计划,形象直观地模拟各个阶段的现场情况,灵活地进行现场平面布置,使场地平面布置合理、高效。

(4)进度优化比选

建筑工程项目进度管理在项目管理中占有重要地位,而进度优化是进度控制的关键。基于 BIM 技术可实现进度计划与工程构件的动态链接,可通过甘特图、网络图及三维动画等多种形式直观表达进度计划和施工过程,为工程项目的施工方、监理方与业主等不同参与方直观了解工程项目情况提供便捷的工具,形象直观、动态模拟施工阶段过程和重要环节施工工艺,将多种施工及工艺方案的可实施性进行比较,为最终方案优选决策提供支持。基于 BIM 技术对施工进度可实现精确计划、跟踪和控制,动态地分配各种施工资源和场地,实时跟踪工程项目的实际进度,并通过计划进度与实际进度进行比较,及时分析偏差对工期的影响程度以及其产生的原因,采取有效措施,实现对项目进度的控制,保证项目能按时竣工。

(5)工作面协同管理

在施工现场,不同专业在同一区域、同一楼层交叉施工的情况难以避免,对于一些超高层建筑项目,分包单位众多、专业间频繁交叉工作多,不同专业、资源、分包之间的协同和合理工作搭接显得尤为重要。基于鲁班 BIM 技术以工作面为关联对象,自动统计任意时间点各专业在同一工作面的所有施工作业,并依据逻辑规则或时间先后,规范项目每天各专业各部门的工作内容,工作出现超期可及时预警。流水段管理可以结合工作面的概念,将整个工程按照施工工艺或工序要求划分为一个可管理的工作面单元,在工作面之间合理安排施工顺序,在这些工作面内部,合理划分进度计划、资源供给、施工流水等,使得基于工作面内外工作协调一致。鲁班 BIM 技术可提高施工组织协调的有效性,BIM 模型是具有参数化的模型,可以集成工程资源、进度、成本等信息,在进行施工过程的模拟中,实现合理的施工流水划分,并基于模型完成施工的分包管理,为各专业施工方建立良好的工作面协调管理而提供支持和依据。

(6)现场质量管理

在施工过程中,现场出现的错误不可避免,如果能够将错误尽早发现并整改,对减少返工、降低成本具有非常大的意义和价值。在现场将鲁班 BIM 模型与施工作业结果进行比对验证,可以有效地、及时地避免错误的发生。传统的现场质量检查,质量人员一般采用目测、实测等方法进行,针对那些需要与设计数据校核的内容,经常要去查找相关的图纸或文档资料等,为现场工作带来很多的不便。同时,质量检查记录一般是以表格或文字的方式存在,也为后续的审核、归档、查找等管理过程带来很大的不便。BIM 技术的出现丰富了项目质量检查和管理方式,将质量信息挂接到 BIM 模型上,通过模型浏览,让质量问题能在各个层面上实现高效流转。这种方式相比传统的文档记录,可以摆脱文字的抽象,促进质量问题协调工作的开展。同时,将 BIM 技术与现代化新技术相结合,可以进一步优化质量检查和控制手段。

(7)图纸及文档管理

在项目管理中,基于 BIM 技术的图档协同平台是图档管理的基础。不同专业的模型通过鲁班 BIM 集成技术进行多专业整合,并把不同专业设计图纸、二次深化设计、变更、合同、文档资料等信息与专业模型构件进行关联,能够查询或自动汇总任意时间点的模型状态、模型中各构件对应的图纸和变更信息以及各个施工阶段的文档资料。结合云技术和"Iban"移动技术,项目人员还可将建筑信息模型及相关图档文件同步保存至云端,并通过精细的权限控制及多种协作功能,确保工程文档快速、安全、便捷、受控地在项目中流通和共享。同时能够通过浏览器和移动设备随时随地浏览工程模型,进行相关图档的查询、审批、标记及沟通,从而为现场办公和跨专业协作提供极大的便利。

(8)工作库建立及应用

企业工作库建立可以为投标报价、成本管理提供计算依据,客观反映企业的技术、管理水平与核心竞争力。打造结合自身企业特点的工作库,是施工企业取得管理改革成果的重要体现。工作库建立思路是适当选取工程样本,再针对样本工程实地测定或测算相应工作库的数据,逐步累积形成庞大的数据集,并通过科学的统计计算,最终形成符合自身特色的企业工作库。

(9)安全文明管理

传统的安全管理、危险源的判断和防护设施的布置都需要依靠管理人员的经验来进行,而鲁班 BIM 技术在安全管理方面可以发挥其独特的作用,从场容场貌、安全防护、安全措施、外脚手架、机械设备等方面建立文明管理方案指导安全文明施工。在项目中利用鲁班 BIM 建立三维模型让各分包管理人员提前对施工面的危险源进行判断,在危险源附近快速地进行相关防护设施模型的布置,比较直观地对安全死角进行提前排查。将防护设施模型的布置给项目管理人员进行模型和仿真模拟交底,确保现场按照布置模型执行。利用鲁班 BIM 相应灾害分析模拟软件,提前对灾害逃生路线进行模拟,制定相应措施避免灾害的再次发生,并提前编制人员疏散、救援的灾害应急预案。安全文明施工是项目管理中的重中之重,结合鲁班 BIM 技术可发挥其更大的作用。

(10)资源计划及成本管理

资源及成本计划控制是项目管理中的重要组成部分,基于鲁班 BIM 技术的成本控制的基础,是建立 5D 建筑信息模型,它是将进度信息和成本信息与三维模型进行关联整合。通过该模型,计算、模拟和优化对应于项目各施工阶段的劳务、材料、设备等的需用量,从而建立劳动力计划、材料需求计划和机械计划等,在此基础上形成项目成本计划。其中材料需求计划的准确性、及时性对于实现精细化成本管理和控制至关重要,它可通过 5D 模型自动提取需求计划,并以此为依据指导采购,避免材料资源堆积和超支。根据形象进度,利用 5D 模型自动计算完成的工程量并向业主报量,与分包核算,提高计量工作效率,方便根据总包收入控制支出进行。在施工过程中,及时将分包结算、材料消耗、机械结算在施工过程中周期地对施工实际支出进行统计,将实际成本及时统计和归集,与预算成本、合同收入进行三算对比分析,获得项目超支和盈亏情况,对于超支的成本找出产生原因,采取针对性的成本控制措施将成本控制在计划成本内,有效实现成本动态分析控制。

7.3 BIM 技术应用之安全员

目前在我国,工程建设中安全事故的发生率比较高,工程建设的投资巨大以及从业人员众多,使得安全事故发生的后果异常严重。较低的安全生产管理水平已成为阻碍国家经济建设和社会稳定发展的重要因素。要提高安全生产管理水平,首先应了解建筑安全生产的特点,这样才能针对其特点实施科学的管理措施。了解建筑安全生产的特点应从了解建筑工程项目的特点开始,找出它与其他行业的不同之处。然后遵循安全管理的基本原则以及基本方法,才有可能取得安全生产管理的成功。

1.使用鲁班 BIM 技术之前

(1)建设单位在工程建设中只看工程质量好坏和工程进度的快慢,不为承包商提供安全施工环境,承包商对此无法解决,有意见也不敢说出来,处在无奈之中。

(2)政府行政主管部门的执法监督流于形式,每年只是开两次安全会,发发文件,要不就是组织两次工地大检查。对于工地上存在的实际问题只看表面现象,不能样样监督到位,事事落实到底。

(3)企业负责人以经济效益为重,对安全工作只喊口号,不见行动;上级检查做做样子,检查团一走,按部就班;敷衍搪塞,小的安全隐患不在乎,待酿成大祸后才后悔莫及。

(4)企业内部的安全管理人员配置不到位,由企业的领导说了算,随意性很大。有的不设机构,只有兼职,人员数量不符合《建设工程安全生产管理条例》的要求,满足不了工作的需要。

(5)企业的安全管理是企业的自主行为,管理人员没有进行过系统的专业培训,管理水平普遍不高,对实际问题该如何处理无应对措施,管理力度不大。安全管理人员的一切利益都与企业挂钩,现在的安全管理规定中,对于出现安全事故的企业,不管大小都要进行处罚,对企业的全体员工都有影响。如出现安全事故,从企业领导到普通职工,经常是大事化小,小事化了,隐瞒不报,怕自己的利益受损。

(6)施工企业使用民工数量多,技术水平参差不齐,流动性大。外来民工对安全施工缺乏认识,更谈不上监督别人。

(7)工程监理单位只注重施工质量、进度和投资控制,并未把安全监理作为一项重要内容加以监控。不少的监理单位还缺乏安全监理工程师,安全监理的效果不好,使得施工事故时有发生。

2.使用鲁班 BIM 技术之后

建筑业安全生产管理水平一直是建筑项目中的一个重要指标。我们从 BIM 的应用范围,可以发现 BIM 在建筑生命周期的各个阶段都有广泛的应用,而安全是贯穿生命周期的一个重要指标。

最近使用 BIM 的行业趋势引发了一个问题,那就是这样的模型理念是否能够用来影响建筑工人的安全。鲁班 BIM 的用途包括可视化、确定范围、部分的交易协调、碰撞检测和发现与规避、设计确认、建设进度计划的制订、后勤计划、市场营销、多方案比选、模拟步行通过虚拟建模和视线研究,等等。

BIM 的主要优势包括:

(1)帮助在投标和采购期间确定范围;

(2)检查各部分的范围以用于诸如工程造价的各类分析工作;

(3)协调建设程序(即使只有两条线路);

(4)在营销中展示项目方案;

(5)碰撞检测的能力(例如识别穿入到结构部分的管道系统);

(6)将准备建设的实体在模拟环境中可视化的能力;

(7)减少现场中的差错和纠正;

(8)更可靠的现场条件模拟,使得建设方有机会更多地进行场外材料预制,这通常可以在更低成本的基础上得到更高的质量;

(9)有能力考虑更多"如果发生"的情况,例如关注多种进度计划的选择,场地物流,吊装的备选方案与耗费;

(10)有能力让非技术人员(例如小业主和业主)看到最终成型的产品;

(11)减少召回,从而降低保证金。

以上列出的部分并未直接提到工人安全。然而,诸如建筑构件碰撞检测的能力可能间接影响安全。例如天花板工作和机电设备,机电设备的安装包括大量的天花板区域的管线布置,典型的就是防火喷头与其他机电设备一同安装。这些构件在安装工作后发现的任何碰撞都意味着要进行返工,例如管线的拆除与重新安装。通常情况下,出于对现有的设施、入口、坠落保护和人机工程方面的考虑,建设工人必须在狭小的空间中工作。

7.4 BIM 技术应用之资料员

资料管理中存在的问题,首先是施工单位管理模式及责任落实的问题,其次是企业管理人员技术水平及责任心的问题。管理出效益,这是人尽皆知的道理,企业管理水平决定企业发展的效益,决定工程质量标准。一个科学化、规范化管理的企业不只是表现在施工资料管理的好坏,还表现在工程质量、企业成本及效益等方面面,施工资料是一个企业管理水平及技术水平的缩影。

1.使用鲁班 BIM 技术之前

(1)目前工程资料管理的现状

目前工程施工资料一般分为长城杯工程资料及合格工程资料,长城杯工程资料在长城杯验收专家小组的严格要求及指导下,从项目检查及内容填写到目录编制都比较科学、清晰、规范。而合格工程施工资料由于施工单位自身及验收规范等要求与长城杯工程资料相比都有一定差距,合格工程施工资料往往会存在这样或那样的问题,如归档资料缺项、混乱,施工资料日期、部位不吻合,施工资料工序冲突等。而且随着施工工艺、规范的日益更新,涉及的资料内容表格设计及内容填写缺乏参考依据,施工单位只能依据自身对新工艺、新规范的理解来填写施工资料,造成目前各个工程的施工资料在内容上存在普遍不同的差距。

(2)工程资料管理常见问题及其分类

工程资料管理常见问题及其分类有以下几个方面:

1)工序、日期不吻合:各个不同专业、分项工程、工序的交叉施工给施工资料管理带来一定的难度,特别是在资料报验滞后于施工报验的情况下,这个问题尤为突出。

2)检验批划分及验收部位不交圈:现场施工员、质检员、技术员之间对工程施工区段及验收批的划分缺乏沟通,造成施工区段、检验批不一致而导致施工资料的检验批划分及验收部位不交圈。

3)验收资料漏项、错项、重项:企业技术、质量等人员对新工艺、新规范的理解不同,造成验收资料漏项、错项、重项。

4)质量证明资料不真实:工程实体质量证明资料(如混凝土试块强度等),因取样时出现个别加工而造成质量证明资料不真实的问题。另外还有工程物资质量证明资料不真实,如对钢筋质量证明书中常见的炉号、批号以及检验报告的检验日期进行篡改等。

5)图表资料的实时编辑及管理:如施工测量资料,目前工程资料管理软件中普遍没有提供图表并茂、实时编辑功能,致使施工资料图、表分离。

6)分包资料收集不整、管理混乱:建筑工程施工工艺复杂,某些专业性强的分项或分部工程需由有专业资质的单位参与施工,由于管理等方面的原因造成分包资料不够完善而影响工程竣工。

2.使用鲁班 BIM 技术之后

工程资料管理需特别注重的就是施工物资资料管理、施工试验资料管理及新工艺、新规范的资料管理,前两项资料是工程实体质量的有力证明,后一项是推行新工艺、执行新规范力度的体现。

(1)结合进度及时整理资料

工程资料按照建筑物施工的进度以及结合预算模型得出的相关数据进行整理。资料员利用鲁班 BIM 技术管理工程技术资料,负责对质保资料逐项跟踪收集,并及时做好分项分部质量评定等资料的整理,使之与工程形象进度同步、内容连贯、交圈对口,这样可以有效解决工程资料工序、日期不吻合的问题。

(2)数据的真实性、准确性

真实性是做好工程技术资料的灵魂,不能为了取得较高的工程质量等级而对资料弄虚作假。资料的整理必须实事求是、客观准确。鲁班 BIM 技术杜绝使用整理原始记录的方法而采用对三维模型相对构件资料的上传挂接以及对该构件做一系列的"取样""检测"等。杜绝对制作试块的样品"专门加工",否则,一旦工程出了质量问题,不真实的资料就会把我们引入误区,它们不仅不能作为技术资料使用,而且会造成工程技术资料混乱,以致错判、误判。另外不真实的工程资料还涉及工程物资质量证明资料等。

(3)文件、资料完整、保密性

传统资料管理模式存在涂改、销毁、外借等情况。有了鲁班 BIM 技术,资料员根据 BIM 系统后台所分配的权限进行查看或者操作,就是相关负责人想更换,也不能对资料进行破坏,这是对项目资料的完整性的一种保护。对相关重要的资料无权限的无关人员不能进行查看,这样减少了资料的分散传流,提高了资料保密的安全性指数。

7.5 BIM 技术应用之材料员

在建筑工程中,工程资料是建设施工中的一项重要组成部分,政府工程质量监督部门在竣工验收时,施工资料更是重中之重,它是工程建设及竣工验收的必备条件,也是对工程进行检查、维护、管理、使用、改建和扩建的原始依据。任何一项工程如果工程资料不符合标准规定,则判定该项工程不合格,对工程质量具有否决权。因此,工程资料管理的质量对工程竣工备案至关重要。

1.使用鲁班 BIM 技术之前

目前部分施工项目材料费用已占到建筑安装价值的 $55\%\sim65\%$,材料管理相对混乱。工地上天天都有急用料,不仅一些小型材料出现急用,而且发生过主要材料短缺造成停工的情况;供应部门供应材料价格相对偏高,造成工程成本增大;现场管理不当,如水泥库地面散灰较多,浪费严重;领用材料是工地核算员说了为准,材料人员无法控制,造成工地施工人员想用多少就领多少的失控现象;在材料的月底核算单上,每月核算的结果基本相同,超耗严重的几项物资还是继续超耗严重,核算发现的问题不能及时纠正。

(1)存在的主要问题

项目材料人员短缺、不稳定、专业素质急需提高,各个施工企业新中标工程较多,项目上各种管理人员出现了短缺,加上现场材料工作在目前施工项目中地位、收入相对较低,业务能力高的、强的都不愿从事材料工作,从而造成了现场材料管理人员专业素质相对偏低,责任心不强、工作能力相对较差;不懂材料的人保管材料,且不能严格按规程作业,严重地影响了材料管理的科学化、程序化,使一个完整、系统、科学的管理系统,到了具体的作业层就没办法实行。

(2)采购责任、目的不一,供应技术落后,造成单价的不合理

对于施工企业来讲,物资采购供应所需资金约占工程施工各项资金支出的50%,物资采购的优劣对工程施工将产生直接的影响;目前我们的采购基本上是法人采购、采(管)分离、多方监督以及集团公司物资供应中心、子公司物资供应中心两级采购的模式。目前,因种种原因未能形成集团公司大批量采购,又需要欠款采购,只能利用中间供应商为其增加费用,这不仅没能合理地降低采购材料单价,而且部分材料价格还高出了市场价,无形中加大了项目工程成本。

(3)需用计划不准确,造成供应费用加大

需用计划不准确必然要影响到采购计划,也影响到进货批量、批次的合理性,增大运输、采购成本,甚至会影响正常的施工生产,造成停工待料。

(4)施工现场材料工作流程诸环节存在的问题

如材料标识的保护、保持:放在料场的材料标识在收发料作业后经常被损坏、换位。收料、卸料的不及时:运料车到施工现场后,因各种原因不能及时收料、卸料,使来过的车不愿再来或要求增加费用,加大了成本支出。不执行定限额领料制度,无材料发放控制。材料在收发存储作业中的浪费和质量等级的降低,等等。

2.使用鲁班BIM技术之后

在施工阶段,施工企业是整个工程处置的主体,其管理水平代表着最后工程的质量水平,整个材料系统管理的效率能够决定施工企业最后利润的高低。利用鲁班BIM技术对工程的材料进行管理,对工程施工过程中人、材、机的有效利用科学处置,施工企业的利润就能实现最大化。

(1)基于鲁班BIM技术结合施工的建筑材料管理,通过具体应用,施工企业获取客观的经济效益。利用数据库技术对建筑信息、材料信息进行储存管理;利用立体三维显示技术,显示施工过程中的建筑工程及材料所需的相关信息,也是当前最新的5D技术。

(2)数据库与5D技术结合实现工程中所有构件信息管理及构件绘制交互管理。在施工过程中,针对设计变更只需要修改变更的地方,所有相关信息自动同步更新;材料统计、工程进度随时查看;方便施工单位对施工进度、工程成本进行管理控制。通过计划与实际工程材料的消耗进行对比,获取当前工程施工进度情况,相对科学地调整施工进度计划,节约建筑材料,提高施工效率,实现企业利润的最大化。

（3）施工企业材料管理

就建筑施工企业而言，材料管理工作的好坏体现在两个方面：一是材料损耗；另一方面则是材料采购、库存管理。对企业资源的控制和利用，更好地协调供求，提高资源配置效率已经逐渐成为施工企业重要的管理方向。鲁班 BIM 价值贯穿建筑全生命周期，建筑工程所有的参与方都有各自关心的问题需要解决。但是不同参与方关注的重点不同，基于每一环节上的每一个单位需求，整个建筑工程行业就希望提前能有一个虚拟现实作为参考。鲁班 BIM 恰恰就是实现虚拟现实的一个绝佳手段，它利用数字建模软件，把真实的建筑信息参数化、数字化后形成模型，以此为平台，从设计师、工程师到施工，再到运维管理单位，都可以在整个建筑项目的全生命周期进行信息的对接和共享。鲁班 BIM 的两大突出特点也可以为所有项目参与方提供直观的需求效果呈现：一是三维可视化；二是建筑载体与其背后所蕴含的信息高度结合。施工单位最为关心的就是进度管理与材料管理，利用鲁班 BIM 技术，建立三维模型，管理材料信息及时间信息，就可以获取施工阶段的 BIM 应用，从而对整个施工过程的建筑材料进行有效管理。

（4）材料信息管理

利用数据库存储建筑中各类构件信息：墙、梁、板、柱等。材料库管理设计交互界面对材料库中的材料进行分类，对各类材料信息进行管理：材料名称、材料工程量、进货时间等。对当前建筑各个阶段的材料信息输出：材料消耗表、资料需求表、进货表等。

7.6　BIM 技术应用之质检员

为了统筹工程施工全面的质量管理，明确工程施工质量的验收，严格规定各分部分项的质量验收程序，严把工程施工各分部分项的质量验收关，确保本工程施工质量符合规范标准。

1. 使用鲁班 BIM 技术之前

（1）质检部职责

1）落实项目质量责任制，制订创优规划、质量计划和质量保证措施，负责落实实施。

2）与工程部、试验室、测量队配合做好原材料质量验收及分项、分部、单位工程质量验收，做好竣工质量验收。

3）组织质量知识培训，实施培训计划。负责单位、分部、分项开工报告的整理。

4）做好与监理工程师的沟通工作，负责现场工序完工报验工作。负责质检资料的收集、签认、评定、归档工作。

5）负责现场施工质量巡检、质量监督工作，及时发现质量隐患并予以排除。负责关键工程及隐蔽工程的质量控制。

6）配合总工、项目经理以及上级单位组织的质量检查。

7）负责收集质量信息，及时报送质量报告或报表。配合总工完成实施性施工组织的编制工作。

8）参与质量事故调查。

（2）工序报检条件

1）工序已完工；

2）现场质检员完成自检并合格；

3）自检资料真实、齐全；

4）工程实施过程中现场质检员、项目部质检工程师、项目部工程技术部指出的问题已经得到纠正。

5）填写自检资料，向质检部负责人提交，签字。

6）向监理工程师报检合格后，签字、存档。

（3）工序报验流程：

工序完工→现场质检员自检→检验结果（不合格进行整改）→质检部检查纠正（不合格进行整改）→检验结果及签字→质检部通知监理工程师报验（不合格进行整改）→签字归档→下道工序。

传统模式只是遵循以上流程顺序执行而已，在各个环节交接比较烦琐。传统模式施工现场如图7.6.1所示。

图 7.6.1　传统模式施工现场

2．使用鲁班BIM技术之后

（1）现场操作有后台指导

鲁班BIM技术基于现场施工技术指导，不需要像传统方法一样在现场比画图纸核对工程质量问题，只需在鲁班BIM系统后台进行模拟检查，提前预防一些不必要的损失。使用鲁班BIM施工现场如图7.6.2所示。

（2）先试后建

"一次性"到"多次性"为项目在质量管理方面带来重大改革。

在项目立项之后，根据相关的概算可对BIM模型进行项目成本估算、后期的成本计算以及成本偏差分析，改善成本管理乃至进行竣工结算等，可以做出一系列的预防和相关措施方案。

图 7.6.2　使用鲁班 BIM 施工现场

（3）现场监管变后台监管

使用鲁班 BIM 之后，避免了之前现场的质量问题处理方法：约定个时间，约定三方相关人员对照二维图纸做出相关的变更条例以及修订施工方法。现在只需技术工程师在施工现场发现质量问题，直接对其拍照，然后上传 BIM 模型确定存在质量问题的构件，并关联相关的构件发出修改标签，信息即可共享，参与的相关人员都能看到相关的问题。现场监管与后台监管对比如图 7.6.3 所示。

图 7.6.3　现场监管与后台监管

（4）BIM 对质量控制的意义

BIM 可实现对各参与方的有效协调，通过 BIM 将各方需求汇总到同一信息平台上，并根据各方需要来接受、处理信息，从而使质量控制更高效。使用 BIM 的质量验收流程如图 7.6.4 所示。

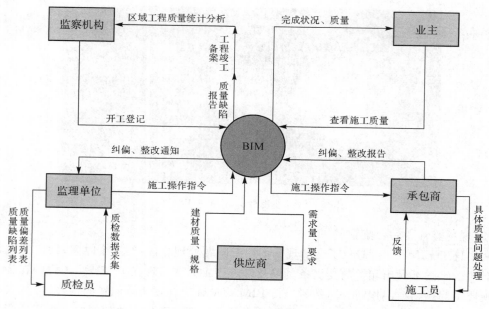

图 7.6.4 质量验收流程

【内容小结】

结合前面章节 BIM 技术综合应用的讲解,本章内容可让学生明确不同岗位的具体职责,帮助学生提前进入角色。

【在线测试】

在线测试

【内容拓展】

针对大连某项目 4#5#楼,让学生围绕前期具体应用内容,分角色扮演并表现现场不同岗位的具体工作内容。

第8章　BIM 技术在装配式建筑中的应用

【学习目标】
1. 明确 BIM 技术在装配式建筑中的应用;
2. 掌握装配式建筑不同阶段 BIM 技术的具体应用内容。

【任务导引】
　　本章围绕 BIM 技术与装配式建筑的结合展开,通过介绍装配式建筑的特点,进而阐明 BIM 与装配式建筑信息化和工业化的深度融合,并简要介绍了 BIM 在装配式建筑施工与管理中的应用。

8.1　BIM 与装配式建筑

8.1.1　BIM 与装配式建筑的概况

　　BIM 源自建筑全生命周期管理理念,而制造业则有产品全生命周期管理(PDM)理论。目前很多建筑业的 BIM 软件最早是来源于机械、航空、造船等制造业的 PDM 软件。对于制造业的 PDM,其管理的最基本单位是单个"零件",而装配式建筑主要由预制的柱、梁、板、楼梯、阳台等构件组成,实质上这些构件乃至整栋建筑物已经被"零件化",所以,装配式建筑实际上是最接近制造业生产方式的一种建筑产品,也非常适合采用类似制造业的方法进行管理,所以 BIM 的应用在装配式建筑中有天然的优势。

8.1.2　BIM 与装配式建筑的共同点

　　装配式建筑的核心是"集成",而 BIM 技术是"集成"的主线。这条主线串联起设计、生产、施工、装修和管理的全过程,服务于设计、建设、运维、拆除的全生命周期,可以数字化虚拟、信息化描述各种系统要素,实现信息化协同设计、可视化装配、工程量信息的交互和节点连接模拟及检验等全新运用,整合建筑全产业链,实现全过程、全方位的信息化集成。

　　预制装配式建筑项目传统的建设模式是设计—工厂制造—现场安装,但设计、工厂制造、现场安装三个阶段是分离的,设计的不合理之处,往往只能在安装过程中才会被发现,这样容易造成变更和浪费,甚至影响质量。

　　BIM 技术的引入则可有效解决以上问题,它将设计方案、制造需求、安装需求集成在

BIM 模型中,在实际建造前统筹考虑设计、制造、安装的各种要求,把实际制造、安装过程中可能产生的问题提前消灭。

8.1.3 BIM 与装配式建筑是信息化和工业化的深度融合

装配式建筑的典型特征是标准化的预制构件或部品在工厂生产,然后运输到施工现场装配、组装成整体。所以,设计就要适应其特点,传统的设计方法是通过预制构件加工图来表达预制构件的设计,其平立剖面图纸还是传统的二维表达形式。

引入 BIM 技术后,建立装配式建筑的 BIM 构件库,就可模拟工厂加工的方式,以预制构件模型的方式来进行系统集成和表达。另外,在深化设计、构件生产、构件吊装等阶段,都将采用 BIM 进行构件的模拟、碰撞检查与三维施工图纸的绘制。

可以预见,BIM 的运用将使预制装配式技术更趋于完善合理。大力推进装配式建筑的发展,不但是全行业的共识也是必须要落实的一件实事。

8.2 BIM 在装配式建筑施工与管理中的应用

BIM 技术在装配式节点加固中的应用

8.2.1 BIM 在装配式建筑施工与管理中应用的基础

BIM 在装配式建筑施工与管理中应用的基础包括 BIM 平台准备、构件库准备、机械设备库准备、数据库准备等内容。

BIM 平台准备就是承载 BIM 应用的计算机软件的准备。鉴于目前国内采用的软件多数为 Autodesk 的 Revit＋Navisworks 平台,推荐使用 Revit＋Navisworks 平台。构件库准备就是准备在 BIM 应用中的构件库,对 Revit 而言,就是准备装配式建筑的构件库,这些构件库包括装配式的墙板、柱、楼板和梁。

数据库准备:在装配式建筑施工中如果现实设计信息、部品生产信息、运输情况、现场施工情况、质量、安全、进度情况要随时查询,必须借助数据库才能实现。数据库应部署在BIM 平台的后端,为 BIM 模型提供相关的信息以供查询。数据库中应该储存设计信息(如设计单位、设计人员、设计图纸或模型等)、部品生产信息(如生产单位、生产班组及生产线、预留预埋情况、生产过程照片或录像、原材料合格证和检验报告、出厂检验报告等)、运输情况(如运输车牌号、司机姓名、运输路线及时间等)、现场施工情况(如进场验收情况、安装日期及位置、施工班组信息、安装后的质量验收情况、水电管线的布设情况、现场浇筑混凝土施工情况等信息)。数据库可以采用 SQLserver 等大型数据库,也可以采用 Access 等文件型数据库。数据库的字段应该与 BIM 模型的构件中的属性进行关联,通过选择构件就可以查询相关的数据信息。数据库的编辑、更新可以采用 BIM 模型,也可以使用专门开发的软件或者 Web 页面。

8.2.2 采用 BIM 进行规划和设计

装配式建筑在规划设计阶段的 BIM 应用的重点是模数化和构件化。模数化是规划阶段的应用重点,项目在进行规划时应重点考虑模数化,避免构件选用中的不标准,减少现场浇筑混凝土的数量。

进入设计阶段之后,应采用 BIM 软件进行设计,对完全装配式结构而言,应该重点考虑构件化,就是设计单位要建立本单位的墙、柱、梁、板、整体卫浴等的 BIM 构件库,设计过程要求采用 BIM 方法对墙、柱、梁、板进行布设,同时对给排水设备和管道、建筑电气设备和管道、通风空调设备和管道进行建模和模型检查,专业内模型检查通过后,进行专业间的碰撞检查,之后进行 BIM 的修改和优化。这样,在设计进行过程中,就把不采用 BIM 设计的许多弊端解决了,避免了大量的设计变更和修改。

采用 BIM 设计的好处之一,是可以避免由施工单位或者构件生产厂进行的构件拆分,设计完成时构件就已经拆分结束,这可以缩短整个项目的建设周期。

8.2.3　装配式建筑加工阶段的 BIM 应用

1. 根据安装顺序排定加工计划

在 BIM 指导下的装配式建筑构件加工,可以根据构件的施工顺序排定加工计划,先安装的先加工,后安装的后加工。这样既可以避免停工待料,又可以避免构件在加工厂或者现场的积压。

构件完成加工后,相关数据及时更新到 BIM 模型,这样可以使运输单位和施工单位及时了解生产情况,及时调整运输和安装的顺序和进度。

2. 根据设计模型进行钢筋下料、模具准备、构件生产和存放

(1)构件电子标签建立。根据当地主管部门要求或者合同约定,生产厂家应对装配式建筑的构件进行编码,构件编码标准匹配电子标签(RFID 标签、ID 编码、二维码),并录入 BIM 模型及关联数据库。

(2)构件加工信息提取。根据设计模型进行钢筋下料、模具准备,根据设计模型和设计构件,提取钢筋的几何尺寸、重量、材质等信息,提取预制构件的模板的几何尺寸、形状信息,用于模具的准备,提取给排水、建筑电气、通风空调等专业的预留预埋信息,进行预留预埋的生产准备。

(3)装配施工方案制定

依据 BIM 模型,选定最优装配方案(装配顺序),并进行施工模拟,然后把装配顺序更新到 BIM 模型,以利于生产单位依据其安排构件的生产加工,构件运输单位依据其进行运输安排。

(4)生产管理

将构件生产工艺流程以数据库表的形式存储在 BIM 关联数据库,构件加工完成一道工序,采用标签读取等方式,对数据库进行更新,使相关方及时了解构件加工情况。

3. 根据设计模型进行出厂前检验

构件加工完成,生产单位根据设计模型对构件进行检验,检验合格后,安装该构件的电子标签(RFID 标签、ID 编码、二维码),并通知运输单位运输。

8.2.4 装配式建筑施工阶段的 BIM 应用

1. 构件运输和验收的 BIM 应用

（1）构件运输单位在构件存放地点以扫描电子标签的方式确定需要运输的装配式构件，吊装至运输车上之后，采用 GPS 或 GPRS 方式对运输车辆进行定位，直至运输到施工现场。

（2）构件验收。预制构件运输到现场后，通过扫描电子标签，可以查阅结构性能检测报告，外观质量缺陷和尺寸偏差的允许值，预埋件、插筋、套筒与预留孔洞的规格、位置和数量等设计要求以及吊环、吊装预留焊接埋件的位置要求等构件验收信息。

2. 施工方案的 BIM 应用

（1）构件堆放地点的选择。装配式构件的堆放地点应靠近塔吊和建筑物，构件存放应便于卸车和吊装，利用 BIM 建立构件堆放地点模型，包括空场、半满载和满载等不同情况下构件堆场的情况，对构件堆放地点进行仿真模拟，以满足施工的各种要求。

（2）塔吊的选择和分析。在装配式结构施工中，垂直运输工具的作用是举足轻重的，根据目前我国装配式建筑的施工情况，塔吊是首选的垂直运输工具，并且塔吊的起重量、起升高度和吊装半径是选择塔吊的三个重要参数。通过 BIM 建立装配式建筑的完工后的模型和塔吊模型，可以很好地辅助塔吊选型。

（3）预制构件安装过程模拟（动画交底）。一般构件的施工过程是：吊装准备→吊装→就位校正→支撑定位→钢筋连接固定→拼缝处理→验收，针对不同的构件可以采用 BIM 进行施工的吊装过程模拟，并以此为技术交底，对工人和管理人员进行有关的交底和培训。

（4）现浇混凝土施工的 BIM 应用。在装配式混凝土施工中，存在一定数量的现浇混凝土，对这部分现浇混凝土的施工，可以采用 BIM 进行合理设计，提前对支撑或支架、模板、施工安装顺序等进行模拟，提高施工效率，避免现场施工时的盲目。

（5）装饰装修的 BIM 应用。主体结构施工完成后进行装饰装修部分的 BIM 模型搭建。建筑装饰装修是敷设于建筑表面的装修层，所以建筑装饰工程必须以结构主体为载体才能进行施工 。

装饰装修施工受到建筑空间的限制，施工中工序平行、交叉、搭接频繁，交叉施工，造成不安全因素多。通过 BIM 可以优化施工工序，进行质量管理和控制，进行安全的动态管理和控制。

3. 质量验收的 BIM 应用

（1）现场实测实量。BIM 可以在装配式混凝土结构施工中辅助质量管理和验收，通过对质量控制要点的 BIM 模型进行标注和批注，可以在施工前提示有关人员重视相关的管理。

（2）对验收的检查方法和验收产生的数据，可以直接附着在 BIM 模型上，便于进行复验和检查，也方便装配式建筑施工各相关方对工程施工质量进行监督、检查。

（3）三维激光扫描。在装配式建筑施工的验收阶段，可以采用三维激光扫描仪对已经完工的建筑进行扫描，得到点云文件，将点云文件和 BIM 设计模型进行对比，得出施工的偏差，可以对施工质量进行综合评判。

【内容小结】

BIM 技术与装配式建筑结合是今后建筑业的发展趋势，通过本章内容学习，可让学生了解装配式建筑施工生产过程中 BIM 技术的应用内容。

【在线测试】

在线测试

【内容拓展】

分组讨论 BIM 技术在装配式建筑施工生产过程中的具体应用。

ZHEJIANG UNIVERSITY PRESS
浙江大学出版社

互联网+教育+出版

立方书

教育信息化趋势下，课堂教学的创新催生教材的创新，互联网+教育的融合创新，教材呈现全新的表现形式——教材即课堂。

 轻松备课　 分享资源　 发送通知　 作业评测　 互动讨论

"一本书"带来"一个课堂"　教学改革从"扫一扫"开始

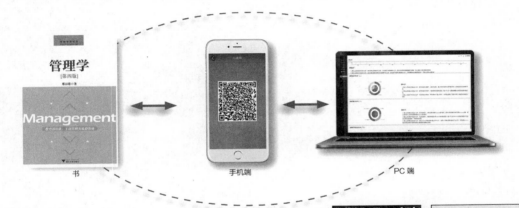

书　　　　　手机端　　　　　PC端

打造中国大学课堂新模式

【创新的教学体验】

开课教师可免费申请"立方书"开课，利用本书配套的资源及自己上传的资源进行教学。

【方便的班级管理】

教师可以轻松创建、管理自己的课堂，后台控制简便，可视化操作，一体化管理。

【完善的教学功能】

课程模块、资源内容随心排列，备课、开课，管理学生、发送通知、分享资源、布置和批改作业、组织讨论答疑、开展教学互动。

扫一扫　下载APP

教师开课流程

➡ 在APP内扫描封面二维码，申请资源

➡ 开通教师权限，登录网站

➡ 创建课堂，生成课堂二维码

➡ 学生扫码加入课堂，轻松上课

网站地址：www.lifangshu.com
技术支持：lifangshu2015@126.com；电话：0571-88273329